KiWi

1946

Das Buch

Nicht nur auf Reisen, sondern auch in der Mathematik gilt häufig: Der Weg ist das Ziel. Anders als bei vielen Schulaufgaben gibt Holger Dambeck in seinen Mathe-Rätseln deshalb keine Lösungswege vor, sondern lädt seine Leserinnen und Leser ein, selbst auf Entdeckungsreise zu gehen. Denn Lösungen wollen gefunden werden und dafür braucht es Kreativität, Wachsamkeit und Freude am Unbekannten.
Nach dem großen Erfolg seiner beiden Rätselbücher »Kommen drei Logiker in eine Bar« und »Blind Date mit zwei Unbekannten« präsentiert Holger Dambeck, seit 2014 Autor der beliebten SPIEGEL-Kolumne »Rätsel der Woche«, in »Das Kreuz mit dem Quadrat« nun seine neueste Sammlung mit 100 schlauen Mathe-Rätseln. Viel Freude beim Knobeln!

Der Autor

Holger Dambeck, geboren 1969, hat Physik studiert und ist seit 2004 beim SPIEGEL als Redakteur in den Ressorts Wissenschaft und Netzwelt tätig. Von 2014 bis 2017 war er Ressortleiter Wissenschaft/Gesundheit, seit 2018 ist er im Datenjournalismus-Team. Bereits als 16-Jähriger trat Dambeck bei Mathematikolympiaden zum Lösen kniffliger Aufgaben an. In der SPIEGEL-Kolumne »Numerator« schrieb er seit 2006 über die Wunderwelt der Mathematik. Wenig später wurde Holger Dambeck mit dem Medienpreis der Deutschen Mathematiker-Vereinigung ausgezeichnet. Seit 2014 ist er Autor der beliebten SPIEGEL-Kolumne »Rätsel der Woche«.

Holger Dambeck

Das Kreuz mit dem Quadrat

100 schlaue Mathe-Rätsel

Kiepenheuer & Witsch

MIX
Papier | Fördert gute Waldnutzung
FSC® C083411
FSC
www.fsc.org

1. Auflage 2024

Covergestaltung: Barbara Thoben, Köln
Covermotiv: © Leo Leowald
Gesetzt aus der Minion, der News Gothic und der Bradley Hand ITC
Satz: Buch-Werkstatt GmbH, Bad Aibling
Druck und Bindung: CPI books GmbH, Leck
ISBN 978-3-462-00640-7

Inhalt

Vorwort

Mathematische Rätsel stecken voller Überraschungen. Das erleben Sie hoffentlich gleich selbst, wenn eine der insgesamt 100 Knobeleien auf den folgenden Seiten ihr Gehirn auf Trab bringt.

Mich überrascht besonders die Vielfalt der Lösungswege. Ein großer Unterschied zu dem, was wir im Matheunterricht erlebt haben oder erleben. Seit Ende 2014 veröffentliche ich das »Rätsel der Woche« auf spiegel.de. Immer wieder schicken mir meine Leserinnen und Leser dann Lösungen, die eleganter sind als mein ursprünglicher Vorschlag. Oft ergänze ich diese Vorschläge, einige davon finden Sie auch in diesem Buch.

Eine andere Art von Überraschung erlebe ich – zum Glück – seltener. Ich glaubte, die Lösung eines schwierigen Rätsels gut verstanden zu haben, und veröffentlichte die Aufgabe als »Rätsel der Woche«. Doch das Problem entpuppte sich im Nachhinein als verzwickter als ursprünglich gedacht. Manchmal musste ich eine Lösung korrigieren oder erweitern.

Besonders groß war meine Verwirrung beim letzten Rätsel dieses Buchs (»Perfekte Logik«, Seite 108). Nach der Veröffentlichung zweifelten mehrere Leserinnen und Leser die von mir angegebene Lösung an. Ich überdachte das Ganze und kam zum Schluss: Ja, die Lösung ist falsch. Und ich schrieb eine Korrektur.

Daraufhin bekam ich weitere Mails. Die Korrektur sei falsch, hieß es darin. Die ursprüngliche Lösung habe gestimmt, die Erklärung sei nur nicht gut genug gewesen. Ein Leser wies mich auch auf Aufsätze von Mathematikern hin, in denen es genau um diese Problemstellung ging.

Ich vertiefte mich noch einmal in die Aufgabe. Und tatsächlich überzeugte mich die Argumentation, ich musste die Korrektur korrigieren. Das war mir bislang noch nicht passiert!

Dabei erschien mir das Logik-Rätsel anfangs gar nicht so kompliziert:

Zwei Personen, Alena und Bela, haben je eine Zahl auf ihrer Stirn kleben. Es ist in beiden Fällen eine 12. Beide kennen ihre eigene Zahl jedoch nicht, können aber die ihres Mitspielers sehen.

Alena und Bela wissen immerhin, dass es sich nur um natürliche Zahlen größer als null handelt. Und dass die Summe der beiden Zahlen entweder 24 oder 27 ist.

Die Spielleiterin fragt die beiden abwechselnd, ob sie ihre eigene Zahl kennen. Alena und Bela sagen beide »Nein«, immer wieder.

Die Frage ist, ob es dabei bleibt oder ob zumindest eine der beiden Personen nach mehreren »Nein«-Antworten doch herausfindet, welche Zahl auf der eigenen Stirn klebt.

Tatsächlich weiß Bela nach einigen Fragerunden, welche Zahl er hat. Warum das so ist, können Sie selbst herausfinden oder im Lösungsteil nachlesen.

Ich warne Sie aber noch einmal ausdrücklich vor dem Rätsel mit der Nummer 100! Es könnte Sie nachhaltig verwirren. Doch grämen Sie sich nicht. Auch Mathe-Profis bringt diese Aufgabe an ihre Grenzen.

Bei den übrigen 99 Rätseln dürfte es – so hoffe ich – weniger Verwirrung geben. Viel Spaß beim Knobeln!

Holger Dambeck
Dezember 2023

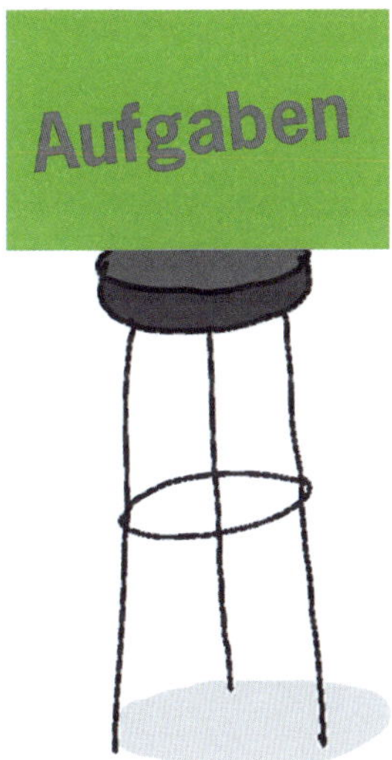
Aufgaben

Fix fertig:
Leichte Aufgaben zum Warmrechnen

1) Putzorgie in der Restaurantküche

Anna, Bert und Charlie arbeiten in einer Restaurantküche. In der Regel sind sie zu zweit und die dritte Person hat frei. Nach Küchenschluss wartet noch viel Arbeit auf die Köche: Sie müssen klar Schiff machen. Also Töpfe, Herde und Arbeitsflächen säubern – ebenso Schüsseln, Messer und weitere Utensilien. Jeder hat dabei sein eigenes Tempo.

- Wenn Anna und Bert Dienst haben, brauchen sie zwei Stunden fürs Putzen und Aufräumen.
- Bert und Charlie benötigen dafür zusammen drei Stunden.
- Anna und Charlie brauchen gemeinsam vier Stunden.

An einem Samstag haben die drei erstmals gemeinsam Dienst. Wie lange brauchen sie, um die Küche zu dritt auf Vordermann zu bringen?

Hinweis: Wir gehen davon aus, dass der Arbeitsumfang an jedem Abend gleich ist. Zudem arbeitet jede der drei

Personen stets mit derselben individuellen Geschwindigkeit, egal, mit wem sie Dienst hat und wie viele Köche gemeinsam Dienst haben.

2) Der superschwere Güterzug

Ein Güterzug transportiert Erz vom Hamburger Hafen zu einer Stahlhütte in Salzgitter. Die 40 Waggons wiegen zusammen 5700 Tonnen. Wie schwer jeder einzelne Waggon ist, wissen wir nicht.

Allerdings ist bekannt, dass drei hintereinanderhängende Waggons zusammen immer genau 430 Tonnen wiegen.

Wie schwer sind die beiden mittleren Waggons, also Nummer 20 und Nummer 21, zusammen?

3) Hundert Quadratzahlen

Gegeben sind die Quadrate der natürlichen Zahlen von 1 bis 100. Addieren Sie alle Quadrate der geraden Zahlen und ziehen Sie davon die Summe aller Quadrate ungerader Zahlen ab. Also:

$$2^2 + 4^2 + 6^2 + \ldots + 98^2 + 100^2$$
$$- 1^2 - 3^2 - 5^2 - \ldots - 97^2 - 99^2$$

Wie lautet das Ergebnis der Rechnung?

4) Wie lang ist die Diagonale?

Das folgende Rätsel ist nicht besonders schwierig. Deshalb bekommen Sie auch nur eine Minute Zeit, um es zu lösen. Ohne Zettel und ohne Stift. Schaffen Sie das?

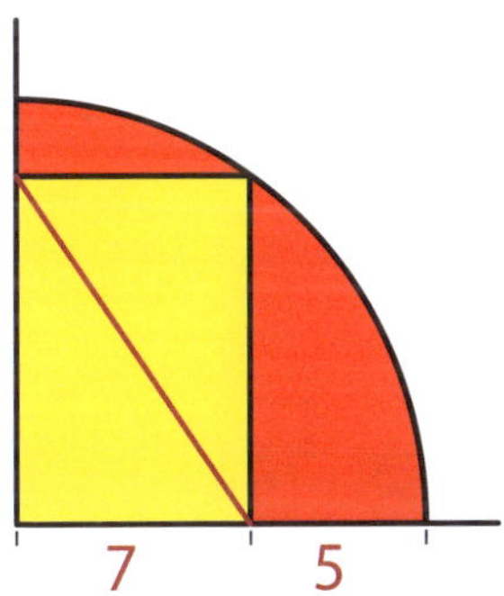

Gegeben ist ein Viertelkreis. Darin eingezeichnet ist ein Rechteck. Zusätzlich gibt es zwei Längenangaben – siehe Zeichnung.

Wie lang ist die Diagonale?

5) Das perfekte Ei

Wer sein Ei gern weich mag, kocht es nicht ganz so lang – zum Beispiel nur vier Minuten. In der Küche gibt es dummerweise aber nur zwei Sanduhren. Die eine läuft fünf Minuten, die andere acht Minuten.

Wie müssen Sie vorgehen, um mit diesen beiden Sanduhren exakt vier Minuten abzumessen?

6) Seltsame Zahl gesucht

Eine positive, natürliche Zahl ist durch 2, 3 und 5 teilbar. Das soll auch für ihre Quersumme gelten. Welche ist die kleinste natürliche Zahl mit diesen Eigenschaften?

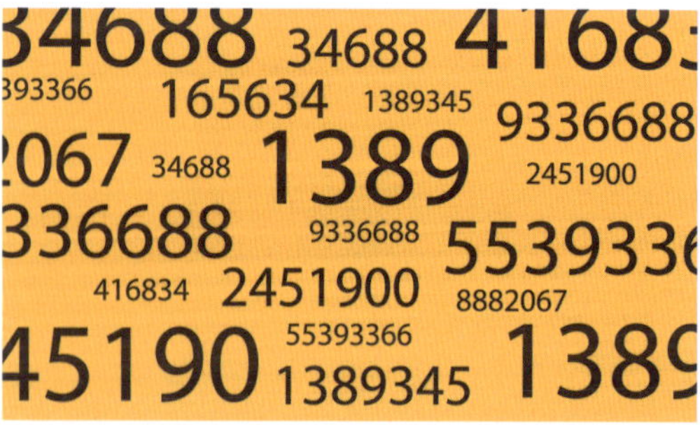

7) Piraten streiten um 120 Goldmünzen

Fairness ist wichtig, selbst unter Piraten, die ansonsten auf Regeln und Gesetze pfeifen. Die Besatzung des Zweimasters »Schwarze Kogge« teilt die Beute nach jedem Raubzug gerecht untereinander auf. Wobei gerecht bedeutet, dass jeder einfache Pirat einen gleich großen Anteil der Beute bekommt. Die rechte Hand des Piratenchefs hingegen erhält doppelt so viel wie ein normaler Pirat – der Piratenchef selbst sogar fünfmal so viel.

Bei der letzten Kaperung haben die Piraten 120 Goldmünzen erbeutet. Als sie diese gemäß ihren Regeln untereinander aufteilen wollen, stellen sie fest, dass dies nicht möglich ist, sofern sie keine Münzen zersägen wollen.

Aber dann hat ein Pirat eine Idee: Er legt eine der 120 Münzen zur Seite – und plötzlich gelingt die Aufteilung, sodass jeder Pirat, ihr Chef und auch dessen rechte Hand zufrieden sind. Von der übrig gebliebenen Goldmünze kaufen sie gemeinsam ein paar Flaschen Rum für das nächste Fest.

Aus wie vielen Piraten (inklusive des Chefs und seiner rechten Hand) besteht die Besatzung der »Schwarzen Kogge«?

8) Das Kreuz mit dem Quadrat

Es wird geometrisch! Und damit die Knobelei nicht zu schwierig wird, geht es um eine sehr regelmäßige Form: um ein Quadrat. Über das Quadrat ist ein Kreuz gelegt, dessen zwei Balken im rechten Winkel zueinander stehen – siehe folgende Zeichnung.

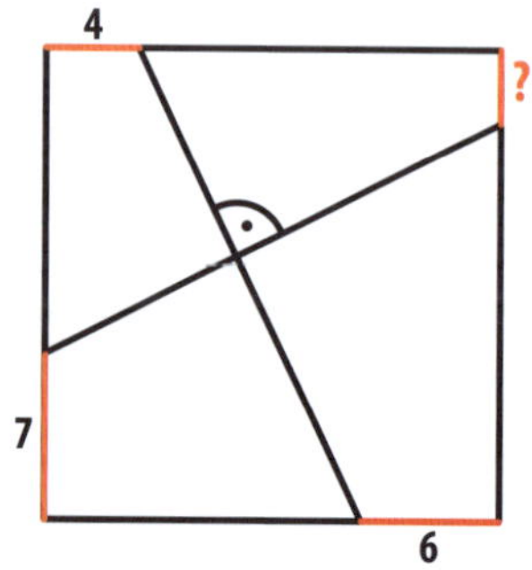

Das Kreuz teilt die vier Seiten des Quadrats in je zwei Teilstücke. Für drei Teilstücke sind die Längen bekannt: 4, 6 und 7.

Wie lang ist das vierte Stück?

9) Bühne frei für Rechenkünstler

Bei einer Quizshow muss eine Kandidatin eine komplizierte Rechenaufgabe lösen. Sie bekommt dafür nur eine Minute Zeit. Der Showmaster erklärt ihr kurz, was zu tun ist:

»Wir zeigen dir gleich eine Tafel mit fünf zehnstelligen Zahlen. Nur eine davon ist die vierte Potenz einer natürlichen Zahl. Du hast eine Minute Zeit, diese zu finden! Hilfsmittel wie ein Taschenrechner sind leider nicht erlaubt.«

»Hmm«, sagt die Frau, »wie soll ich das hinbekommen?« Der Quizmaster antwortet: »Das weiß ich leider auch nicht. Aber dir bleiben noch fünf Minuten, dir etwas zu überlegen. So lange dauert die Werbepause. Wenn sie vorbei ist, wird die Tafel auf die Bühne gerollt.«

Die Frau grübelt und grübelt – und hat dann offenbar eine Idee. Als ihr nach der Werbepause die fünf zehnstelligen Zahlen

- 2.342.560.826
- 3.662.186.403
- 4.032.758.016
- 6.780.827.687
- 9.116.621.874

gezeigt werden, hat sie schon nach zehn Sekunden diejenige gefunden, die die vierte Potenz einer natürlichen Zahl ist.

Wie hat sie das gemacht?

10) Zaubern mit Primzahlen

Mit Zahlen zaubern war schon immer der Traum des Magiers Numerus Fortune. Er hat sich einen neuen Trick ausgedacht, den er gleich bei seinem nächsten Auftritt ausprobiert.

»Wer möchte meine Zahlenfee sein?«, fragt er in die Runde. Eine Frau aus der zweiten Reihe meldet sich. »Vielen Dank, dass Sie mir beim Zaubern helfen«, sagt Fortune zu ihr. »Suchen Sie sich eine beliebige Primzahl, sie muss nur größer als 3 sein. Aber verraten Sie mir die Zahl nicht!«

»Okay, ich habe eine Primzahl«, sagt die Frau.

»Bilden Sie nun das Quadrat dieser Primzahl«, sagt der Zauberer, »und ziehen Sie davon anschließend 1 ab. Das Ergebnis ist eine – Simsalabim – durch 24 teilbare Zahl.«

»Wow – das stimmt«, sagt die Frau.

Sie nennt nun die von ihr gewählte Primzahl dem Publikum – es war die 97. Alle rechnen nach: $97^2 - 1$ ergibt 9408. Und 9408 ist durch 24 teilbar, denn es gilt $392 \times 24 = 9408$.

Funktioniert dieser Trick wirklich für jede beliebige Primzahl größer als 3?

11) Magische 45

Die Zahl 45 soll in vier Summanden aufgeteilt werden, die besondere Eigenschaften besitzen. Man erhält immer dieselbe Zahl, wenn man:

- zum ersten Summanden 2 addiert
- vom zweiten Summanden 2 abzieht
- den dritten Summanden durch 2 teilt
- den vierten Summanden mit 2 multipliziert.

Ist eine solche Aufteilung der Zahl 45 möglich? Wie lauten die vier Summanden?

12) Die Gans bleibt ganz

Ein Geflügelhändler verkauft lebende Gänse. An einem Tag hat er genau vier Kunden. Folgende Notizen hat er sich dazu gemacht:

- Der erste Kunde kauft die Hälfte der Gänse aus dem Laden plus eine halbe Gans.
- Der zweite Kunde kauft von den verbliebenen Tieren ein Drittel plus eine drittel Gans.
- Der dritte Kunde kauft vom Rest ein Viertel plus eine dreiviertel Gans.
- Der vierte Kunde schließlich kauft von den noch verbliebenen Tieren ein Fünftel plus eine fünftel Gans.

Am Abend zählt der Händler durch: Er hat noch 19 Gänse in seinem Bestand.

Auch wenn die Verkaufsliste sich anders liest: Keine einzige Gans musste getötet oder zerteilt werden.

Ist das möglich? Falls ja: Wie viele Gänse hatte der Händler in seinem Geschäft, bevor der erste Kunde kam?

13) Das verlängerte Seil

Die Ausmaße von Spielfeldern im Sport sind sehr verschieden. Vergleichsweise klein ist ein Volleyballfeld, beim Fußball ist eine Länge von 100 Metern üblich.

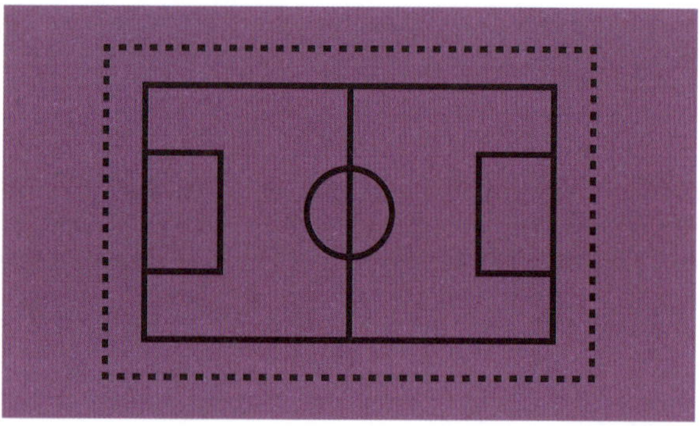

Nicht in jeder Sportart sind Länge und Breite einheitlich geregelt. Beim Basketball etwa unterscheiden sich die Spielfelder der US-Profiliga NBA von denen in Europa. Im Fußball sind zumindest in den unteren Ligen Variationen bei Länge und Breite erlaubt.

Das Spielfeld, um das es in diesem Rätsel geht, ist rechteckig. Wir kennen seine genauen Maße nicht. Auf den Seitenlinien liegt ein geschlossenes Seil, dessen Länge genau dem Umfang des Feldes entspricht.

Nun verlängern wir dieses Seil um einen Meter und verschieben es an allen vier Seiten nach außen, bis es wieder ein Rechteck bildet. Dabei soll der senkrechte Abstand zur Außenlinie des Feldes an allen vier Seiten gleich sein.

Wie groß ist dieser Abstand?

14) Gewinnt Dörte oder Charlie?

Charlie und Dörte spielen folgendes Spiel: Auf dem großen Tisch vor ihnen liegen exakt 1000 Kieselsteine. Pro Zug dürfen $1^2=1$, $2^2=4$, $3^2=9$ oder $4^2=16$ Steinchen davon weggenommen werden.

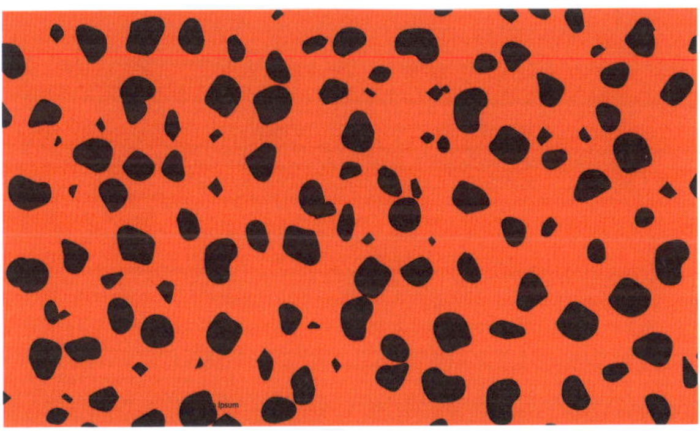

Das Spiel gewinnt die Person, die den letzten Zug machen kann. Charlie beginnt.

Gibt es eine Strategie, mit der eine der beiden Personen das Spiel mit Sicherheit gewinnen kann? Wie lautet diese? Wer gewinnt dann das Spiel?

Natürlich rational:
Raffinierte Zahlenrätsel

15) Fahrradkauf mit Falschgeld

Die Europäische Zentralbank gibt keine neuen 500-Euro-Noten mehr heraus, doch als Zahlungsmittel bleiben die Scheine weiterhin gültig. Sie sind inzwischen sogar ein beliebtes Sammlerobjekt und werden auf Plattformen wie eBay mitunter zum Preis von 550 bis 600 Euro angeboten.

Eine solche 500-Euro-Note spielt eine wichtige Rolle im folgenden Rätsel: Ein Kunde kommt in ein Fahrradgeschäft und kauft ein Rad für 350 Euro. Er bezahlt mit einem 500-Euro-Schein. Weil der Händler nicht genug Bargeld in der Kasse hat, geht er in den Nachbarladen. Dort wechselt er die 500er-Note in zehn 50-Euro-Scheine. Der Kunde bekommt davon 150 Euro zurück und fährt mit dem Rad davon.

Am nächsten Tag kommt der Besitzer des Nachbarladens in das Fahrradgeschäft und möchte sein Geld wiederhaben, denn die 500-Euro-Note hat sich als Fälschung entpuppt. Der Fahrradhändler war inzwischen auf der Bank, um seine Kasse aufzufüllen, und gibt dem Nachbarn 500 Euro in bar zurück. Wie viel Geld hat der Fahrradhändler verloren, wenn der Einkaufspreis des Rades bei 250 Euro lag?

16) Kann die Intelligenz überall steigen?

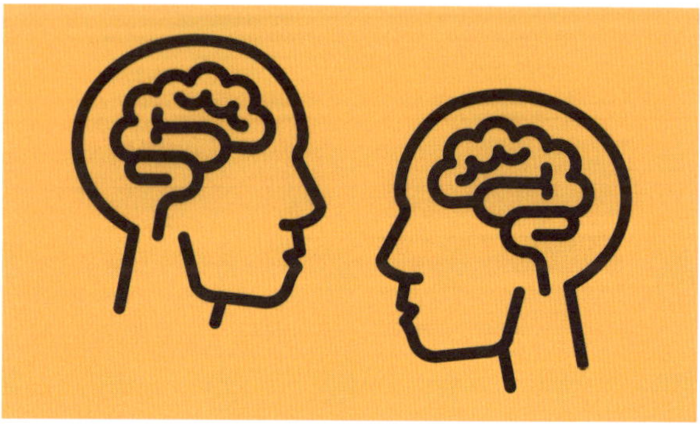

Ist es nicht erstrebenswert, wenn wir alle immer schlauer werden? Der Held dieses Rätsels will seinen Beitrag dazu leisten. Aber er büffelt nicht etwa von früh bis abends Aufgaben aus IQ-Tests. Nein, er beschließt einfach umzuziehen.

Bislang wohnte er in der Stadt A. Nun soll die Stadt B sein Zuhause werden. Dadurch, so behauptet er, würde der mittlere IQ in beiden Städten steigen.

Ist das möglich?

17) Wie spät ist es?

Wenn die Tante aus England zu Besuch kommt, sind Missverständnisse fast schon die Regel. Vor allem Zeitangaben wie 1:30 p. m. oder 6:30 a. m. bereiten dem deutschen Teil der Familie immer wieder Probleme. Tante Margret macht sich aber auch gern einen Spaß daraus, ihre Nichten und Neffen zu verwirren.

»Wie spät ist es?«, wird sie von einer Nichte gefragt.

Margrets Antwort: »Wenn du ein Viertel der Zeit, die seit dem letzten Mittag vergangen ist, zur Hälfte der Zeit addierst, die bis zum nächsten Mittag noch vergeht, hast du die aktuelle Uhrzeit.«

»Mmmmh, ist das dann a. m. oder p. m.?«, fragt die Nichte irritiert. »Das wirst du schon herausfinden«, erklärt ihr die Tante.

Wie spät war es in dem Moment, in dem die Nichte nach der Uhrzeit gefragt hat?

18) Wasser marsch!

Jeden Montag ist die Zisterne des Dorfes leer und die Bewohner müssen sie mit Wasser aus dem Fluss füllen, damit die Tiere genug zu trinken haben. Am nächsten Montag sind Agnes, Bernd und Charles dran.

Am Sonntag treffen sie sich, um die anstrengende Aktion zu planen. Sie wollen um acht Uhr beginnen, wissen aber nicht genau, wie viel Zeit sie benötigen werden. Bernd sagt: »Als ich letztens mit Agnes zusammen die Zisterne gefüllt habe, haben wir vier Stunden gebraucht.«

»Ja, stimmt«, sagt Agnes. »Als ich die Zisterne vor zwei Monaten mit Charles gefüllt habe, waren wir fünf Stunden beschäftigt.« Charles entgegnet: »Ihr wisst ja, dass ich mit über 70 Jahren auch nicht mehr der Schnellste bin. Als ich den Wasserspeicher mal allein mit Bernd gefüllt habe, hat er genau doppelt so viele Eimer geschleppt wie ich.«

Am Montagmorgen ist Charles wie vereinbart um acht an der Zisterne, doch von Agnes und Bernd ist weit und breit nichts zu sehen. Sie sind beide wegen dringender Termine in die Stadt gefahren. Charles muss die Arbeit allein übernehmen. Wann hat er Feierabend?

19) Die legendäre Großtante

Elisabeth war eine Legende: Die Großtante hielt die Sippe zusammen wie niemand sonst. Wenn jemand aus der weitverzweigten Familie Rat brauchte, war sie stets zur Stelle. Ihr Zahlengedächtnis war beeindruckend. Sie wusste immer ganz genau, welcher Neffe und welche Enkelin wann welchen Geburtstag feiert.

Überraschend waren auch ihre Lebensdaten – und zwar aus mathematischer Perspektive. Die Großtante wurde im 20. Jahrhundert geboren, erlebte das Jahr 2000 jedoch leider nicht mehr. Wenn man ihr Geburtsdatum und ihr Todesdatum in der Form TT.M.JJ schreibt, benötigt man jede der zehn Ziffern von 0 bis 9 genau einmal. Aber das ist noch nicht alles: Keine andere Person, deren Lebensdaten ebenfalls aus diesen zehn Ziffern im Format TT.M.JJ gebildet werden, lebte länger als Elisabeth.

Wann wurde Elisabeth geboren und wann starb sie?

Hinweis: Das Format TT.M.JJ verrät, dass die gesuchten Datumsangaben nicht in den Monaten Oktober, November und Dezember liegen können, weil die Monatszahl (M) einstellig ist. Die Tagesangaben hingegen sind zweistellig.

20) Können diese Rechnungen aufgehen?

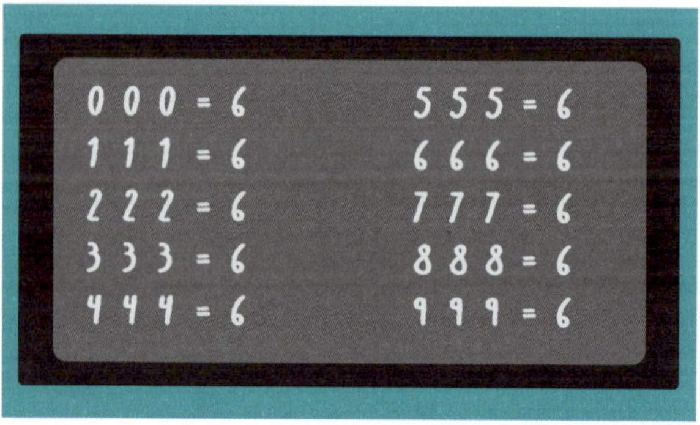

Auf einer Tafel stehen zehn Gleichungen – doch diese sind offensichtlich unvollständig. Links vom Gleichheitszeichen fehlen sämtliche mathematische Operatoren wie Plus oder Mal.

Ihre Aufgabe ist es, die fehlenden Operatoren zu finden, sodass tatsächliche Gleichungen entstehen. Ein Beispiel: Zwei Pluszeichen machen aus 2 2 2 = 6 die korrekte Rechnung 2+2+2=6.

Bei den Operatoren haben Sie freie Wahl, Sie dürfen jedoch keine zusätzlichen Zahlen einfügen. Operatoren sind nur links vom Gleichheitszeichen erlaubt, rechts steht jeweils nur die 6. Sie dürfen auch Klammern nutzen und mathematische Funktionen wie zum Beispiel die Wurzel, solange diese keine zusätzlichen Zahlen enthalten.

Gibt es Lösungen für alle zehn Fälle?

21) Potenzvergleich

Gegeben sind zwei Potenzen:

222^{333} und 333^{222}

Welche der beiden Zahlen ist die größere? Sie dürfen für die Lösung nur Stift und Papier verwenden. Taschenrechner oder Computer sind nicht erlaubt.

22) Wie alt ist Sophie?

Sophie lebt schon lange nicht mehr. Aber auch Generationen später wird bei Familientreffen immer wieder eine kuriose Geschichte aus dem Jahr 1898 über sie erzählt. In diesem Jahr erreichte Sophie ein Alter, das exakt der Quersumme ihres Geburtsjahres entsprach.

Wie alt war Sophie dann im Jahr 1898?

23) Der verwirrte Kassierer

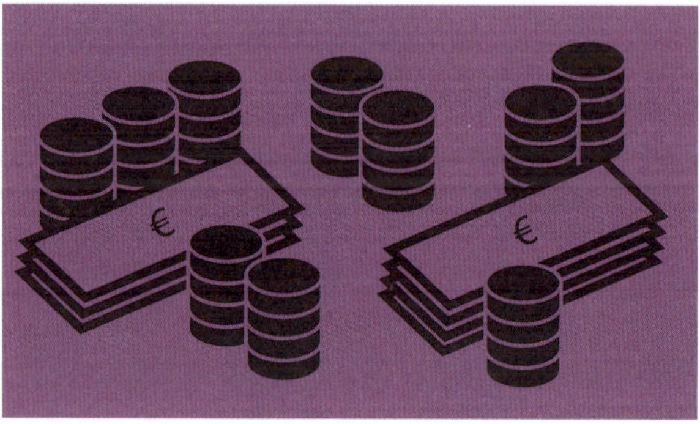

Steffi hat kein Bargeld dabei, aber eine Bluse, die ihr doch nicht so gut passt. Sie möchte sie deshalb im Geschäft zurückgeben. Sie betritt den Laden und gibt den Kassenbon und die Bluse dem Kassierer. Der verwechselt bei der Auszahlung allerdings Cent und Euro, was Steffi zunächst nicht auffällt.

Nachdem sie den Laden verlassen hat, kommt sie an einem Eisladen vorbei, vor dem ein traurig dreinblickender Junge steht. Ihm fehlen fünf Cent, um sich eine Kugel Eis zu kaufen. Steffi kann ihm helfen. Sie hat ja eben beim Umtausch ihrer Bluse Bargeld bekommen und gibt dem Jungen die fehlenden fünf Cent.

Zu Hause zählt sie das Bargeld nach und wundert sich: Sie hat exakt doppelt so viel im Portemonnaie, wie die Bluse gekostet hat. Als sie den Laden betreten hatte, war ihre Geldbörse leer.

Wie lautet der Preis der Bluse?

24) Mysteriöse Telefonnummern

Die drei Frauen kannten sich bislang nur aus dem Internet – nun haben sie sich erstmals persönlich in einem Café getroffen. Sie haben einander so viel zu erzählen, dass sie beschließen, sich baldmöglichst wiederzutreffen.

Bevor sie die Rechnung bezahlen, tauschen sie noch schnell ihre Telefonnummern aus. Die drei telefonieren immer noch ganz gern übers Festnetz. Da sie alle in derselben Stadt wohnen, können sie die Vorwahl weglassen. Eine der Frauen schaut sich die Nummern genauer an und macht eine verblüffende Entdeckung.

Alle drei Nummern sind sechsstellig und beginnen logischerweise nicht mit einer Null. Wenn man bei jeder der drei Nummern die letzten zwei Ziffern rechts abschneidet und links davorstellt, verdreifacht sie sich.

Wie lauten die drei Telefonnummern?

25) Die unmögliche Pralinenmenge

Angelika ist Mathematiklehrerin und soll Pralinen für den Abschlussjahrgang kaufen. Nougat ist die bevorzugte Sorte, wie eine Umfrage unter den Schülerinnen und Schülern ergeben hat.

Die Chocolaterie verkauft Nougatpralinen in drei verschiedenen Packungsgrößen. Eine Schachtel hat entweder 6, 9 oder 20 Pralinen.

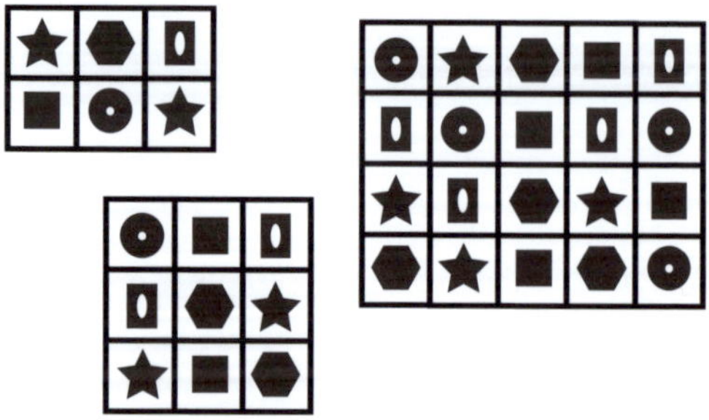

Angelika möchte exakt so viele Pralinen kaufen, wie es Schülerinnen und Schüler gibt. Doch das ist nicht so einfach. Falls der Abschlussjahrgang nur aus 17 Personen besteht, gibt es keine Lösung. Sind es jedoch beispielsweise 24 Schülerinnen und Schüler, kann Angelika vier 6er-Packungen kaufen. Auch 29 wäre kein Problem – dann müsste sie je eine 20er- und eine 9er-Packung nehmen.

Was ist die größtmögliche Anzahl an Pralinen, die Angelika nicht kaufen kann?

Hinweis: Wir nehmen an, dass es Angelika nicht an Geld mangelt.

26) Quersummen gesucht

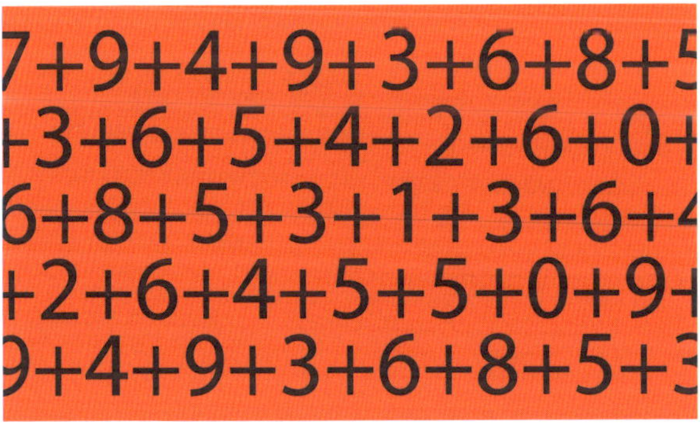

Die Quersumme einer natürlichen Zahl kann sehr hilfreich sein. Sie verrät nämlich, ob eine Zahl durch 3 oder durch 9 teilbar ist. Ist die Quersumme selbst ein Vielfaches von 3 oder 9, gilt das auch für die Ausgangszahl. Im folgenden Rätsel geht es um die Quersumme von zwei natürlichen Zahlen a und b.

Die Quersummen beider Zahlen sind identisch. Sie betragen 62. Welche Werte kann dann die Quersumme von a + b annehmen?

27) Gewichte optimieren

Im Alltag begegnen uns Balkenwaagen nur noch selten. Ihre Besonderheit ist, dass man zum Abwiegen mehrere Gewichte braucht. Beispielsweise 250 Gramm, 500 Gramm und ein Kilogramm. Diese müssen dann so lange ausgewählt und platziert werden, bis sich die Waage im Gleichgewicht befindet.

Wir möchten mit einer solchen Balkenwaage jedes ganzzahlige Gewicht von 1 bis 40 Kilogramm abmessen. Dafür brauchen wir mehrere Gewichte. Was ist die kleinstmögliche Anzahl? Wie lauten die Massen der Gewichte?

28) Kurioses Zahlenspiel

Der Überfall hat sich gelohnt. Es sind zwar nicht mehr als 500 Goldmünzen geworden, wie die Räuber sich ursprünglich erhofft hatten. Aber der Münzberg ist schon beachtlich.

Über die Hackordnung unter den drei Räubern gibt es keine Zweifel. Harry, der Senior, bekommt die Hälfte der Beute. Dave ein Drittel und Sam, der Junior, ein Sechstel. Die Anzahl der Münzen ist zum Glück durch sechs teilbar, sodass es keine Probleme beim Aufteilen der Beute gibt.

Zum Spaß probiert das Trio mal eine andere Verteilung der Beute aus. Sie legen alle Münzen wieder zusammen auf einen Haufen. Dann nimmt sich jeder Münzen davon weg – so lange, bis keine mehr übrig ist. Die Zahl der genommenen Münzen kann von Räuber zu Räuber differieren. Im nächsten Schritt legt Harry die Hälfte der von ihm genommenen Münzen zurück in die Mitte, Dave ein Drittel seiner Münzen und Sam ein Sechstel.

Anschließend teilt das Trio die Münzen in der Mitte zu gleichen Teilen unter sich auf – jeder bekommt ein Drittel. Das klappt auch ohne Probleme, weil die Zahl durch drei teilbar ist. Kurioserweise hat anschließend jeder der Räuber genauso viele Münzen, wie ihm laut der ursprünglichen Aufteilung zustehen.

Aus wie vielen Münzen besteht die Beute der drei Räuber?

Hauptsache stringent: Logik-Knobeleien

29) Ist Dieter der Dieb?

Straftaten aufzuklären, ist nicht leicht. Manchmal haben Zeugen falsche Erinnerungen, Beschuldigte sagen bei Befragungen nicht immer die Wahrheit.

Im Fall des Diebstahls einer wertvollen Uhr, um den es hier gehen soll, kommt noch eine Besonderheit hinzu. Alle Tatverdächtigen sind entweder notorische Lügner, sagen also niemals die Wahrheit – oder aber sie bleiben bei allem, was sie sagen, stets bei der Wahrheit. Dummerweise sieht man niemandem an, zu welcher der beiden Gruppen er gehört.

Dieter ist einer der mutmaßlichen Diebe und wird vor Gericht befragt.

»Haben Sie jemals nach Verschwinden der Uhr behauptet, Sie seien **nicht** der Dieb?«, fragt der Richter.

Die Antwort lautet: »Ja.«

Der Richter hakt nach: »Haben Sie jemals nach Verschwinden der Uhr behauptet, Sie seien der Dieb?«

Wir kennen Dieters Antwort nicht, wissen aber, dass er die Frage mit »Ja« oder »Nein« beantwortet hat. Zudem wissen wir, dass der Richter direkt danach ein Urteil gefällt hat – und dass der Richter nur Entscheidungen trifft, wenn er sich in der Sache hundertprozentig sicher ist.

Wie lautete das Urteil?

30) Drei Lügen und eine Wahrheit

Wenn sich die drei Freundinnen vorstellen, gibt es immer Verwirrung. Ihre Nachnamen Meier, Meyer und Mayer werden schließlich gleich ausgesprochen.

Immerhin haben die drei Frauen unterschiedliche Berufe. Eine ist Mathematikerin, eine Maskenbildnerin und eine arbeitet als Mediengestalterin. Wer welchen Beruf hat, das sollen Sie herausfinden!

Von den folgenden vier Aussagen ist genau eine wahr, die anderen drei sind falsch.

- Frau Meier ist nicht die Mathematikerin.
- Frau Meyer ist nicht die Maskenbildnerin.
- Frau Meier ist die Maskenbildnerin.
- Frau Meyer ist nicht die Mathematikerin.

Wer übt welchen Beruf aus?

Hinweis: Jede Frau hat nur einen Beruf.

31) Wie geht die Zahlenfolge weiter?

Gegeben sind die ersten 14 Elemente einer Zahlenfolge:

1, 1, 2, 3, 5, 8, 4, 3, 7, 1, 8, 9, 8, 8, …

Welche Zahl folgt als nächste?

32) Strenge Logik im Kaninchenstall

Charlotte wohnt in einem kleinen Reihenhaus. Schon ihre Eltern züchteten Kaninchen – und auch im Garten hinter ihrem Haus steht ein großer Stall. Von den folgenden fünf Aussagen über ihre Tiere ist nur eine wahr. Welche?

- Charlotte hat mehr als 30 Kaninchen.
- Alle ihre Kaninchen sind gescheckt.
- Keines der Kaninchen ist einfarbig weiß.
- Es sind mehr als 40 Kaninchen.
- Charlotte hat weniger als 50 Kaninchen.

33) Im Land der Lügner und Wahrheitsfanatiker

Jasmin und Jesper leben in einem Land, in dem es nur zwei verschiedene Charaktere gibt: Die einen lügen immer – die anderen sagen stets die Wahrheit. Leider sieht man den Menschen nicht an, wie sie es mit der Wahrheit halten.

Kennengelernt haben sich Jasmin und Jesper in einem Café. Schon nach wenigen Minuten sagt Jasmin den folgenden Satz:

»Ich glaube, dass wir beide notorische Lügner sind.«

Wir wissen nicht, wie Jesper auf diese Aussage reagiert hat. Aber womöglich reicht sie ja trotzdem aus, um die Charaktere der beiden aufzuklären?

34) Bizarre Arithmetik

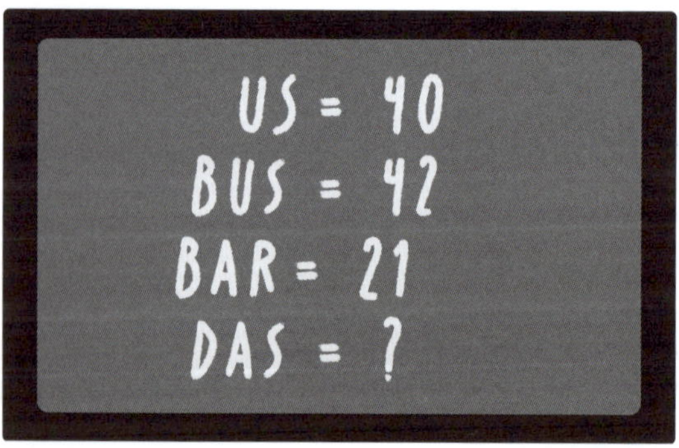

42 lautet angeblich die Antwort auf die Frage nach dem Leben, dem Universum und dem ganzen Rest. So schreibt es Douglas Adams in seinem Roman »Per Anhalter durch die Galaxis«. Im heutigen Rätsel ist 42 keine rätselhafte Antwort, sondern dem Wort BUS zugeordnet – siehe Bild.

Es gibt noch mehr seltsame Zuordnungen: Die Abkürzung US entspricht der Zahl 40. Und dem Wort BAR ist die Zahl 21 zugewiesen.

Wenn dahinter ein logisches System steckt, welche Zahl gehört dann zum Wort DAS?

35) Der verschwundene Spielstein

Auf den zehn Spielsteinen von Marvin stehen die Zahlen von 0 bis 9. Der Sechsjährige hat aber dummerweise einen der Steine verloren. Welcher das ist, weiß er nicht.

Seine Mutter weiß, dass Marvin gern knobelt und auch schon sehr gut rechnen kann. Sie stellt ihm folgende Fragen:

»Kannst du die neun Steine in drei Gruppen aufteilen, sodass die Summe der Zahlen in jeder der drei Gruppen gleich ist?«

»Ja«, antwortet Marvin.

»Und klappt eine solche Aufteilung auch mit vier Gruppen, sodass die Summe der Zahlen in jeder der vier Gruppen gleich ist?«

»Ja, auch das klappt«, sagt Marvin.

»Jetzt weiß ich, welchen Stein du verloren hast«, sagt die Mutter.

Wissen Sie es auch?

36) Welche Zahl folgt als nächste?

Mathematiker suchen oft nach Mustern und versuchen sie zu verstehen. Kriegen Sie das auch hin? Gegeben ist eine Folge natürlicher Zahlen. Sie beginnt mit 1, dann folgen 11 und 21 – siehe folgendes Bild.

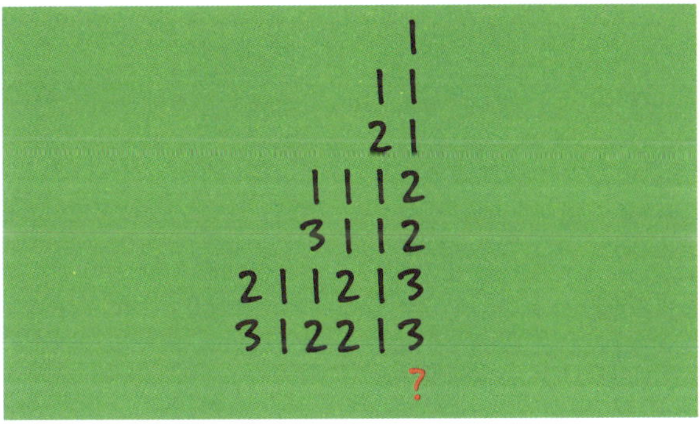

Weiter geht es mit zwei vierstelligen und zwei sechsstelligen Zahlen.
Erkennen Sie ein Muster? Wie geht die Folge weiter? Wie lautet die hundertste Zahl?

37) Mit Logik in die Freiheit

Es war ein spektakulärer Coup. Die drei Meisterdiebe waren in die Schatzkammer des Königs eingedrungen und hatten die wertvollen Diamanten gestohlen. Weit kamen sie mit ihrer Beute allerdings nicht. Einem Wächter am Stadttor fielen die drei Männer mit dem großen Sack auf – und so landeten sie vor Gericht. Ihnen droht nun eine lange Kerkerhaft.

Der König macht ihnen jedoch ein Angebot für eine sofortige Begnadigung: »Jeder von euch bekommt eine Mütze aufgesetzt, die entweder schwarz oder weiß ist. Ich habe insgesamt fünf Mützen: drei sind schwarz, zwei weiß. Davon wähle ich drei aus und setze sie euch auf, während eure Augen verbunden sind. Die anderen beiden Mützen kommen zurück in die Kiste.«

Das sei aber noch nicht alles, ergänzt der König. »Ihr stellt euch dann hintereinander in eine Reihe und nehmt die Augenbinden ab. Jeder kann die Mütze beziehungsweise die Mützen der vor ihm stehenden Person oder Personen sehen, nicht jedoch die eigene.«

»Und was müssen wir tun?«, fragt einer der Diebe.

»Wenn mir einer von euch die Farbe seiner Mütze nennen kann, seid ihr frei.«

Die drei bekommen die Mützen wie beschrieben aufgesetzt, stellen sich hintereinander auf und bekommen die Augenbinden abgenommen.

Der ganz hinten stehende Dieb, der die zwei Kollegen vor sich sehen kann, sagt: »Ich kenne meine Mützenfarbe nicht.«

Der in der Mitte stehende Dieb sagt daraufhin: »Ich kenne meine Mützenfarbe auch nicht.«

Der ganz vorn stehende Dieb sagt schließlich: »Ich kenne meine Mützenfarbe.«

Welche Farbe hat seine Mütze?

38) Namensverwirrung zwischen Erfurt und Weimar

Anna, Matilda und Nina leben in Thüringen. Sie arbeiten alle drei als Anwältinnen. Das Trio hat drei Freundinnen mit denselben Vornamen Anna, Matilda und Nina, die alle in einem großen Eisenbahnunternehmen arbeiten. Und zwar als Ingenieurin, Lokführerin und Schaffnerin.

Die Anwältin Anna und die Ingenieurin wohnen in Erfurt. Die Anwältin Matilda und die Lokführerin wohnen in Weimar. Und die Anwältin Nina und die Schaffnerin haben ihr Zuhause auf halbem Weg zwischen Erfurt und Weimar.

Die Namensvetterin der Ingenieurin verdient 50.000 Euro pro Jahr und die Schaffnerin genau ein Drittel der ihr am nächsten wohnenden Anwältin. Bekannt ist außerdem, dass die Eisenbahnerin Nina fünf Zentimeter größer ist als die Lokführerin.

Wie heißt die Schaffnerin?

Immer im Lot: Rätsel aus der Geometrie

39) Der Halbkreis im Viertelkreis

Gegeben ist ein Viertelkreis mit dem Radius 1. In diesen Viertelkreis ist ein Halbkreis eingezeichnet, der den Viertelkreis an vier Punkten von innen berührt – siehe Zeichnung.

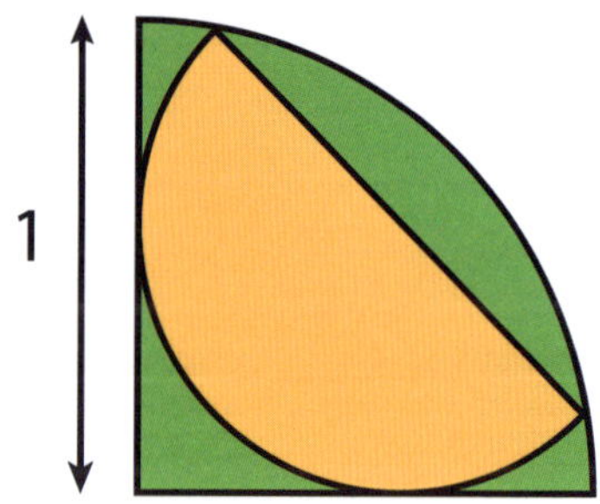

Wie groß ist die Fläche des Halbkreises?

40) Auf Lücke gebaut

Um ein kleines Quadrat mit der Seitenlänge 2 sind vier größere Quadrate platziert – siehe Skizze. Jedes dieser vier Quadrate berührt mit einem seiner Eckpunkte einen Eckpunkt des kleinen Quadrats. Zudem berühren sich auch Eckpunkte der vier größeren Quadrate gegenseitig.

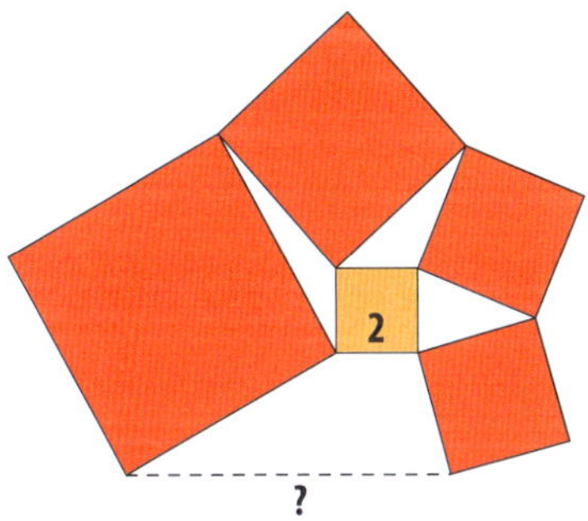

Unten klafft allerdings eine Lücke. Wie lang ist die gestrichelte Strecke, die zwei Ecken der beiden roten Quadrate links und rechts unten verbindet?

Kennen Sie die Lösung?

41) Geheimer Zugangscode

Das Sommerfest des Clubs der cleveren Problemlöser steht an. Der Vorstand hat die Einladungen per E-Mail verschickt. Darin enthalten ist eine mysteriöse Zugangskarte – eine karierte Fläche, auf der zwei kleine Rechtecke und drei kleine Quadrate platziert sind.

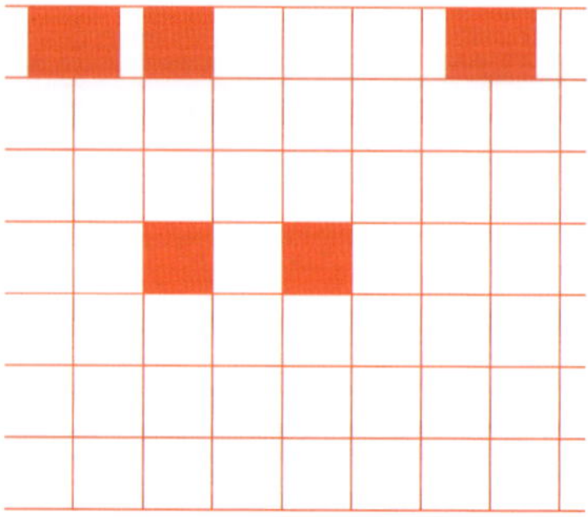

Die Karte erinnert ein wenig an einen QR-Code zum Abscannen. Dafür ist sie jedoch nicht gedacht. Die Abbildung enthält vielmehr ein geheimes Zugangswort, das die Clubmitglieder am Einlass nennen müssen.

Können Sie den Code entschlüsseln?

42) Winkelsumme gesucht

Gleichseitige Dreiecke haben faszinierende Eigenschaften. Beispielsweise kann man mit ihnen wunderbar lückenlos eine Fläche parkettieren. Fügt man sechs gleichseitige Dreiecke an einer gemeinsamen Spitze zusammen, erhält man ein regelmäßiges Sechseck.

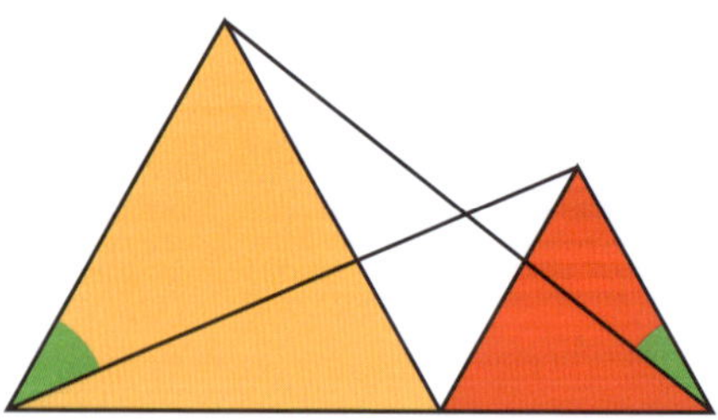

Im folgenden Rätsel stehen zwei unterschiedlich große gleichseitige Dreiecke nebeneinander. Ihre oberen Eckpunkte sind mit dem äußeren Eckpunkt des jeweils anderen Dreiecks verbunden – siehe Zeichnung.

Dadurch entstehen zwei Winkel, die grün markiert sind. Wie groß ist die Summe dieser beiden Winkel?

43) Erben im Viereck

Der Raps blüht. Das Feld in Form eines gleichseitigen Dreiecks hebt sich klar von den grünen Weiden ab, die um das Feld herum liegen. Der Besitzer des Rapsfeldes möchte es so aufteilen, dass jede seiner drei Töchter ein gleich großes und gleich geformtes Feld bekommt.

Am einfachsten wäre, die Eckpunkte des Feldes mit dem Mittelpunkt des dreieckigen Feldes zu verbinden. Dabei würden drei dreieckige Felder entstehen. Doch die Töchter wollen keine dreieckigen Felder – sie bevorzugen eine viereckige Form.

Wie muss der Bauer sein Feld aufteilen?

44) Passt ein Würfel durch sich selbst?

Das folgende Problem ist schon mehrere Jahrhunderte alt. Doch seine Lösung ist auch heute noch verblüffend. Gegeben sind zwei gleich große Würfel. Sie sollen in den einen Würfel ein Loch bohren oder fräsen, durch das dann der zweite Würfel hindurchpasst.

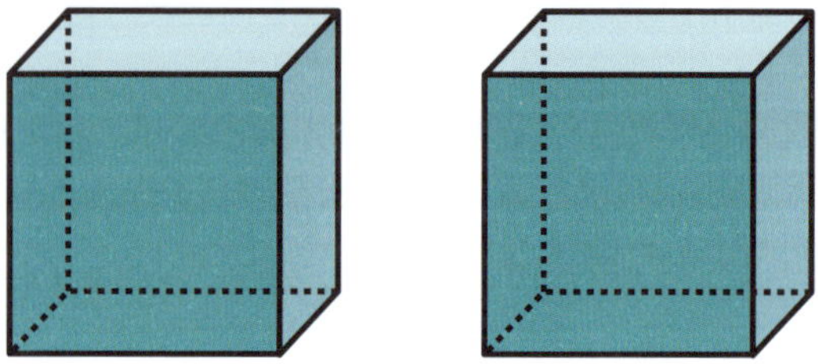

Auf den ersten Blick scheint das kaum möglich zu sein. Aber überlegen Sie noch mal genau: Vielleicht klappt es ja doch? Nur wie?

45) Verliebte Käfer

Sie sind verliebt und haben nur den Artgenossen vor sich im Sinn: Vier Käfer befinden sich auf den vier Eckpunkten eines Quadrats mit einer Seitenlänge von einem Meter. Jeder Käfer steht so, dass er genau auf den Käfer zulaufen kann, der im Uhrzeigersinn an der nächsten Ecke des Quadrats steht.

Die vier Insekten starten zugleich. Das Tier unten rechts läuft immer genau in Richtung des Tiers, das zu Beginn unten links steht. Der Käfer unten links läuft immer in Richtung des Käfers, der zum Start oben links stand – und so weiter.
Weil sich alle Käfer bewegen, ändert sich auch ständig ihre Laufrichtung. So kommen sie einander auf spiralförmigen Wegen immer näher, bis sie sich schließlich treffen.

Welchen Weg hat jeder der Käfer dann zurückgelegt?

Hinweis: Die Aufgabe ist ohne komplizierte Berechnungen lösbar. Sie benötigen weder Integral- noch Differentialrechnung. Wir nehmen der Einfachheit halber an, dass die Käfergröße im Vergleich zur Quadratgröße vernachlässigbar klein ist.

46) Perfekt arrangiert

Ein Halbkreis hat die Fläche von 2 × Pi. Rechts neben ihm befindet sich ein Halbkreis mit einer Fläche von Pi / 2. Beide Halbkreise berührt von rechts oben ein dritter Halbkreis – siehe Zeichnung.

Welche Fläche hat der in der Zeichnung gelb gefärbte Halbkreis?

Hinweis: Der gelbe Halbkreis liegt auf der Tangente der beiden anderen Kreise und seine zwei »Ecken« berühren je einen dieser Kreise.

47) Der optimale Schusswinkel

Ein Fußballer läuft die Seitenauslinie entlang Richtung gegnerische Hälfte. Er will den Torwart mit einem Schuss vom Rande des Spielfelds überraschen und sucht dafür den optimalen Punkt. Der Spieler will dann schießen, wenn ihm das

Tor unter einem größtmöglichen Winkel erscheint – also wenn der Winkel zwischen linkem Pfosten, dem Ball und dem rechten Pfosten möglichst groß ist.

Wo liegt dieser Punkt?

Hinweis: Die Breite des Tores beträgt 7,32 Meter. Das Spielfeld ist 105 Meter lang und 68 Meter breit.

48) Die Quadratur des Rechtecks

Es ist immer schön zu sehen, wenn sich Puzzlestücke zu einem vollständigen Bild zusammenfügen. Das folgende Rätsel unterscheidet sich allerdings von klassischen Legespielen aus dem Spielwarengeschäft: Die Zahl der Puzzleteile ist vergleichsweise klein und Sie bestimmen ihre Form selbst.

Gegeben ist ein aus fünf kleinen Quadraten zusammengesetztes Rechteck. Zerschneidet man diesen schmalen Streifen in vier Dreiecke und ein kleines Quadrat, lassen sich diese fünf Teile anschließend zu einem flächengleichen Quadrat zusammenfügen – siehe Bild.

Die Frage ist, ob es auch eine Zerlegung des schmalen Streifens in nur vier Teile gibt, die neu zusammengelegt ebenfalls ein flächengleiches Quadrat bilden.

Wie lautet Ihre Antwort?

49) Akademisch vierteln

Gegeben sind ein Fünfeck und ein Sechseck – siehe Zeichnung unten. Das Fünfeck ist aus sechs gleich großen, gleichseitigen Dreiecken zusammengesetzt, das Sechseck aus drei Quadraten.

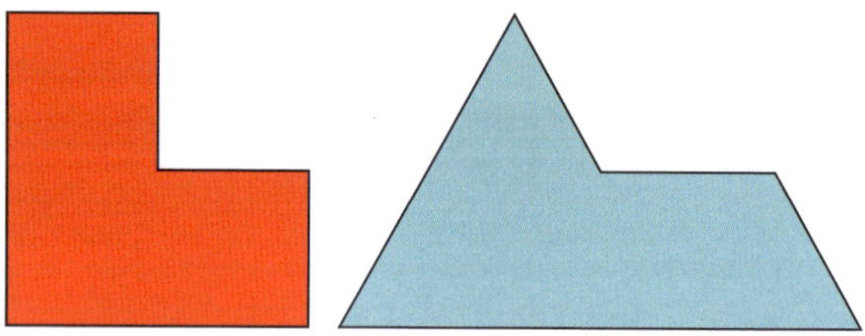

Sie sollen diese beiden Formen in jeweils vier identisch aussehende Stücke zerlegen. Gelingt das?

Hinweis: Die vier Teile müssen zueinander kongruent sein. Das bedeutet: Sie können durch Drehung, Spiegelung, Parallelverschiebung oder eine Verknüpfung dieser drei geometrischen Operationen ineinander überführt werden.

50) Wie groß ist das Viereck?

Die Größe eines unregelmäßigen Vierecks zu berechnen, ist nicht ganz so leicht wie bei einem Rechteck. Beim folgenden Rätsel sind immerhin für drei solcher Vierecke die Flächen bekannt. Gesucht ist dafür die Größe des vierten Vierecks.

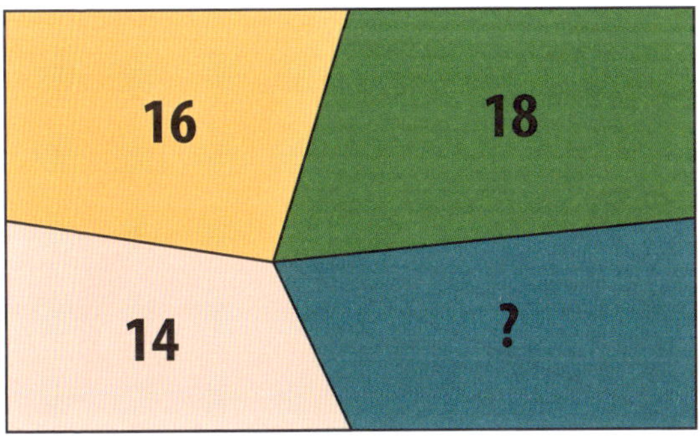

Die vier Vierecke sind Teil eines Rechtecks. Ein Punkt im Inneren des Rechtecks wurde mit den Mittelpunkten seiner vier Seiten verbunden. Dadurch entstanden vier unregelmäßige Vierecke – siehe Zeichnung.

Die drei Vierecke links und oben haben die Größen 14, 16 und 18. Welche Fläche hat dann das Viereck rechts unten?

51) Wie groß ist die dunkle Fläche?

Aus einem Rechteck sind zwei Fünfecke herausgeschnitten. Mehrere Seiten der beiden Fünfecke stehen senkrecht zueinander – siehe folgende Skizze.

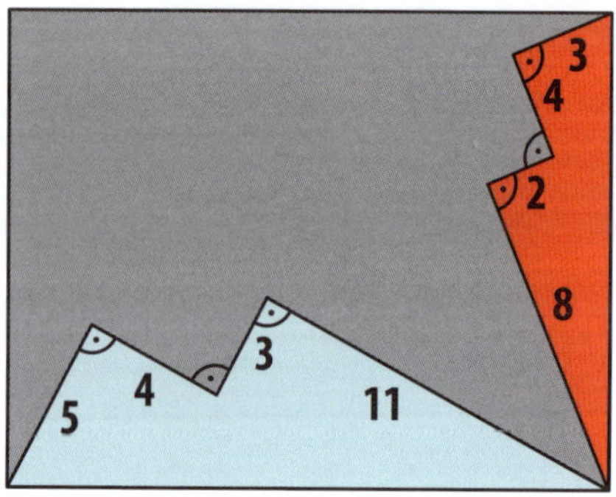

Zudem sind die Längen der vier kurzen Seiten der Fünfecke bekannt. Die Werte sind in der Skizze notiert.

Welche Größe hat die vom Rechteck verbleibende dunkle Fläche?

52) Der kürzeste Weg zum Honig

Die Biene kann den Honigtropfen sehr gut sehen. Aber der Weg dahin ist nicht ganz so einfach. Die Biene sitzt nämlich auf der Außenseite eines zylinderförmigen, oben offenen Glases – und der Honigtropfen klebt auf der Innenseite.

Die Biene möchte auf der Glasoberfläche zum Honigtropfen krabbeln. Finden Sie den kürzestmöglichen Weg!

Voll fokussiert: Clevere Strategien finden

53) Der 31. Dezember gewinnt

Das Jahr schnell abhaken – das ist das Motto eines Kalenderspiels, das sich David und Dana ausgedacht haben. Sie nennen sich abwechselnd immer ein Datum, dabei aber nur Tag und Monat. Die Jahreszahl lassen sie weg. Wer zuerst »31. Dezember« sagt, hat gewonnen.

David beginnt, sein erstes Datum muss im Januar liegen. Er sagt zum Beispiel »10. Januar«. Dana muss nun ein Datum nennen, das später in diesem Jahr folgt. Sie darf dabei aber nicht völlig frei wählen. Vielmehr muss sie entweder den Monat beibehalten – dann sagt sie zum Beispiel »13. Januar«. Oder sie ändert die Tageszahl nicht, dafür aber den Monat und nennt beispielsweise den 10. Februar oder den 10. März.

Dann ist David wieder dran. Auch er muss ein Datum nennen, das auf das von Dana genannte folgt. Und er muss bei der Auswahl dieselbe Regel befolgen wie Dana. Er darf also entweder nur den Tag oder den Monat erhöhen, nicht beide Angaben zugleich.

Wenn David mit einem frei wählbaren Datum im Januar beginnt: Wer von den beiden kann das Kalenderspiel mit Sicherheit gewinnen und »31. Dezember« sagen? Wie muss er / sie dabei vorgehen?

54) Günstige Kette gesucht

Sie brauchen eine geschlossene Kette und haben in Ihrer Kiste 13 Segmente unterschiedlicher Länge gefunden. Die folgende Skizze zeigt diese 13 Segmente. Sie hätten zusammengefügt genau die gesuchte Länge.

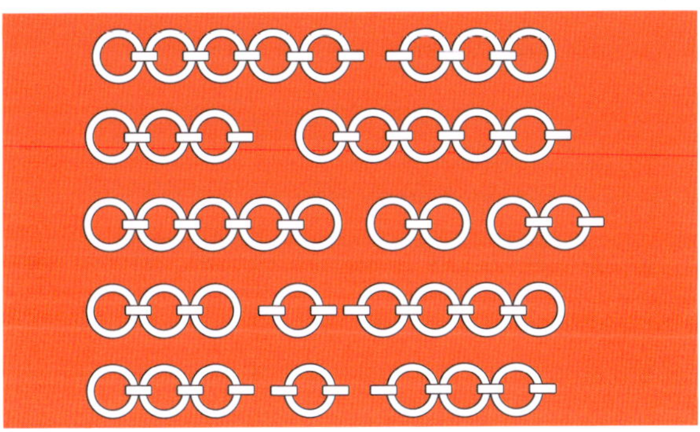

Das Verbinden von Kettengliedern hat aber seinen Preis: Pro Ring berechnet der Schmied fürs Öffnen und Zusammenfügen drei Euro. Sie könnten allerdings auch eine fertige Kette in der gesuchten Länge für 36 Euro kaufen.

Wie kommen Sie am günstigsten an die gesuchte geschlossene Kette?

Hinweis: Es dürfen sowohl die kleinen als auch die großen Ringe geöffnet und wieder geschlossen werden. Für beide Ringgrößen berechnet der Schmied denselben Preis von drei Euro. In der Kette müssen sich kleine und große Ringe abwechseln.

55) Wer bekommt die letzte Münze?

Auf dem Tisch liegen hundert Münzen. Berit und Bert nehmen sich abwechselnd davon welche weg. Gewonnen hat, wer die letzte Münze erwischt.

Die Anzahl der Münzen, die eine Person vom Tisch nimmt, ist genau geregelt: Berit darf zwischen einer und acht Münzen nehmen, Bert zwischen vier und elf. Es ist nicht erlaubt, gar keine Münzen zu nehmen.

Wer von den beiden kann das Spiel gewinnen? Muss sie beziehungsweise er dabei den ersten Zug haben oder nicht?

56) Das Domino-Duell

Schach ohne Figuren macht keinen Spaß. Aber ein Schachbrett ist eine ideale Bühne für eine Knobelei. Nancy und Noah haben allerdings zwei ungewöhnliche Schachbretter. Statt wie üblich aus 8×8 Feldern bestehen sie nur aus 7×7 Feldern.

Beide wollen ihr Brett mit Dominosteinen der Größe 2×1 Felder vollständig bedecken. Nur jeweils ein Feld soll frei bleiben – dort liegt schon ein blauer Chip.

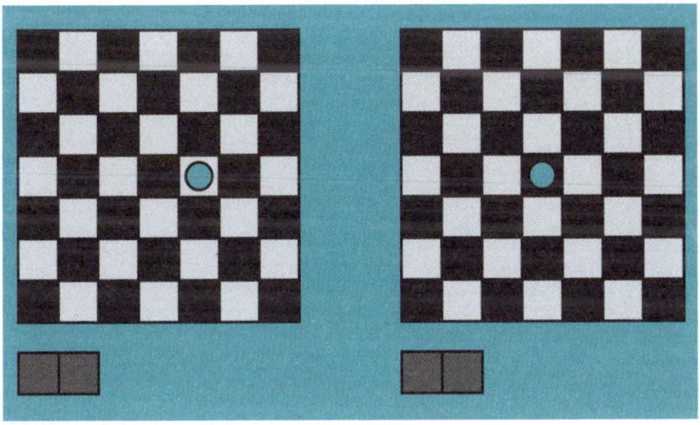

Nancy bekommt das linke Brett, Noah das rechte. Wer ist schneller fertig?

57) Zahlen raten – aber clever

Es ist immer hilfreich, eine gute Strategie zu haben. Beim folgenden Rätsel erspart das sogar einige überflüssige Fragen.

Ihre beste Freundin Shirin hat sich eine Zahl im Bereich von 1 bis 999 ausgedacht. Sie kennen diese Zahl nicht, sollen sie aber mit möglichst wenigen Fragen herausfinden.

Würden Sie zufällig eine Zahl auswählen, stünden die Chancen bei 1 / 999, dass Sie die richtige Zahl erwischt haben. Also müssen Sie Ihrer Freundin mehrere Fragen stellen.

Wenn Shirin nur mit Ja oder Nein antworten darf, könnten Sie mit folgenden zehn Fragen herausfinden, dass Shirin sich die Zahl 84 ausgesucht hat:

- Liegt die Zahl im Bereich von 1 bis 501? Antwort: Ja.
- Liegt die Zahl im Bereich von 1 bis 251? Antwort: Ja.
- Liegt die Zahl im Bereich von 1 bis 126? Antwort: Ja.
- Liegt die Zahl im Bereich von 1 bis 64? Antwort: Nein.
- Liegt die Zahl im Bereich von 65 bis 95? Antwort: Ja.
- Liegt die Zahl im Bereich von 65 bis 80? Antwort: Nein.
- Liegt die Zahl im Bereich von 81 bis 88? Antwort: Ja.
- Liegt die Zahl im Bereich von 81 bis 84? Antwort: Ja.
- Liegt die Zahl im Bereich von 81 bis 82? Antwort: Nein.
- Ist es die Zahl 83? Antwort: Nein.

Damit steht fest, dass Shirin die 84 gewählt hat.

Die zehn Fragen basieren auf einem sogenannten binären Suchbaum. Dabei halbieren wir, vereinfacht gesagt, mit jedem Schritt den Bereich der infrage kommenden Zahlen.

Nun zur eigentlichen Frage:

Schaffen Sie es auch mit sieben Fragen, die von Shirin gewählte Zahl herauszufinden, wenn als zusätzliche Antwortmöglichkeit neben »Ja« und »Nein« auch »Weiß ich nicht« erlaubt ist?

58) Fünf Inseln und ein Goldschatz

Vorsicht ist die Mutter der Porzellankiste. Das ist auch das Motto des Piraten, um den es in diesem Rätsel gehen soll. Sein Zuhause sind fünf nebeneinanderliegende Inseln in der Südsee. Jede Nacht wechselt er den Standort seines Goldschatzes. Er bringt ihn stets auf eine benachbarte Insel links oder rechts, damit möglichst niemand das Gold finden kann.

Sie ankern mit einem großen Dreimaster in der Nähe der fünf Inseln. Mit einem kleinen Ruderboot können Sie pro Tag eine der Inseln besuchen. Dort können Sie nachschauen, ob der Schatz darauf versteckt ist. Wenn das der Fall ist, finden Sie ihn auf jeden Fall. Denn die fünf Inseln sind alle ziemlich klein. Am Abend verlassen Sie die Insel wieder und kehren zu dem Dreimaster zurück.

Gibt es eine Strategie, mit der Sie das Gold mit Sicherheit finden? Oder kann der Pirat das verhindern?

59) Eine Brücke, vier Personen und eine Taschenlampe

Kurz vorm Ziel der Wanderung kommt die gefürchtete Brücke: Maximal zwei Personen können gleichzeitig hinübergehen, mehr hält die alte Konstruktion nicht aus. Weil es dunkel ist, muss beim Überqueren immer eine Taschenlampe dabei sein. Die vier Wanderer haben aber nur eine, die sie deshalb hin- und hertragen müssen.

Die vier Personen gehen unterschiedlich schnell über die Brücke:

- Person 1 braucht eine Minute.
- Person 2 braucht zwei Minuten.
- Person 3 braucht fünf Minuten.
- Person 4 braucht zehn Minuten.

Laufen zwei Personen zusammen, gehen sie im Tempo der langsameren Person.

Wie lange dauert es, bis das Quartett auf der anderen Seite angekommen ist? Gesucht ist die kürzestmögliche Zeit.

60) Münze werfen, Wette gewinnen

Bei vielen Spielen entscheidet allein das Glück, wer gewinnt und wer verliert. Mit etwas Mathematik kann man seine Siegchancen aber oft erhöhen. Zwar lässt sich der Zufall etwa beim Würfeln nicht ausschalten. Aber wer genau berechnet, mit welcher Wahrscheinlichkeit welche Augenzahlen fallen oder welche Karte verdeckt auf dem Tisch liegt, hat zumindest statistisch gesehen die besseren Karten.

Nina und Pawel haben sich ein Glücksspiel ausgedacht, bei dem sie immer wieder eine Münze werfen. Diese landet entweder mit der Kopf- oder der Zahlseite nach oben. So entsteht beginnend beim ersten Wurf eine Zufallsfolge wie Zahl – Zahl – Kopf – Zahl – Kopf – Kopf …

Jeder Spieler darf sich eine feste Folge aus drei Würfen aussuchen – etwa Kopf – Kopf – Zahl oder Zahl – Zahl – Zahl. Der Spieler, dessen Folge zuerst auftritt, hat gewonnen.

Pawel entscheidet sich für die Folge Zahl – Kopf – Zahl.

Welche Folge sollte Nina wählen, um ihre Gewinnchancen zu erhöhen? Mit welcher Wahrscheinlichkeit gewinnt sie das Spiel?

61) Der zerteilte Würfel

Das Kleinste oder das Größte zu finden, ist meist nicht allzu schwer. Aber was ist das kleinste Größte? Das klingt erst mal verwirrend – aber Sie werden gleich verstehen, was damit gemeint ist.

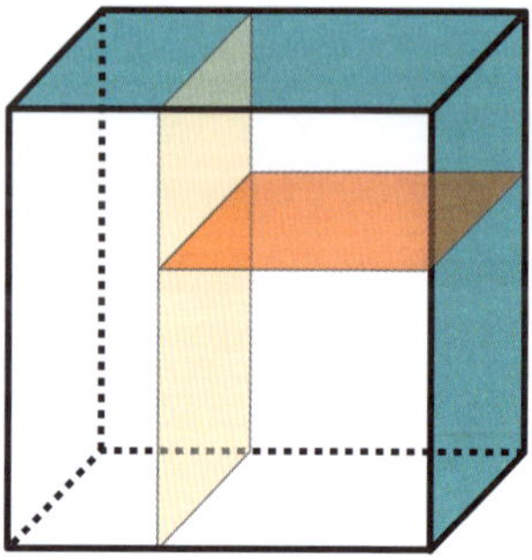

Gegeben ist ein Würfel mit der Kantenlänge 10. Dieser Würfel wird in zwei Quader zerschnitten, die beide ausschließlich ganzzahlige Seitenlängen haben. Einer der Quader wird noch einmal in zwei Quader zerteilt, die ebenfalls ganzzahlige Seitenlängen haben. *(Hinweis: Ein Quader hat als Außenflächen sechs Rechtecke).*

Unter den drei Quadern gibt es einen, der größer ist als die beiden anderen. Oder der zumindest so groß ist, dass keiner der anderen beiden anderen Quader größer ist.

Welches ist das kleinstmögliche Volumen dieses größten Quaders?

62) Neun Punkte und vier Striche

Sie kennen sicher das Spiel »Das Haus vom Nikolaus«. Die Aufgabe dabei ist, das aus acht Strichen bestehende Haus so zu zeichnen, dass der Stift immer auf dem Papier bleibt. Das folgende Problem ist ähnlich gelagert.

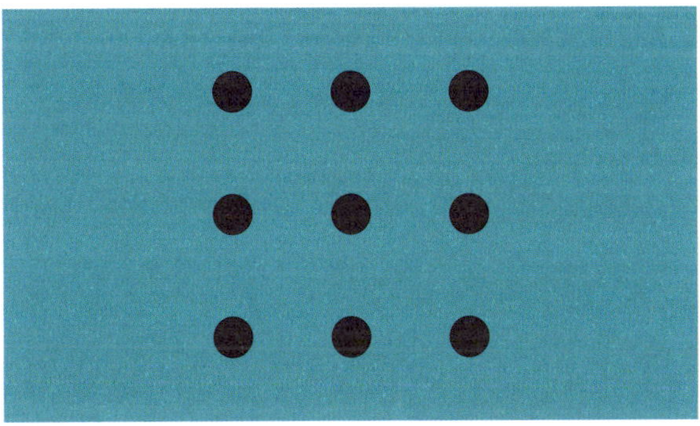

Gegeben sind neun auf einem quadratischen Gitter angeordnete Punkte – siehe Skizze. Sie sollen diese neun Punkte mit vier geraden Strichen verbinden, ohne den Stift dabei abzusetzen. Schaffen Sie das?

Es gibt noch eine Zusatzfrage: Ist es möglich, die neun Punkte auch mit drei Strichen zu verbinden? Falls nicht, warum nicht?

63) Zwei blockierte Türen

Ihre Lage ist misslich: Sie stecken in einer Zelle. Diese hat zwei Türen, die mit insgesamt vier Riegeln von außen blockiert sind. Jeder Riegel lässt sich elektrisch hin- und herschieben, sodass er entweder die linke oder die rechte Tür versperrt. Sie wissen nicht, in welcher Position sich die vier Riegel befinden. Der obere und der untere könnten links sein und die beiden mittleren rechts, wie in der Zeichnung. Es sind aber auch andere Varianten möglich.

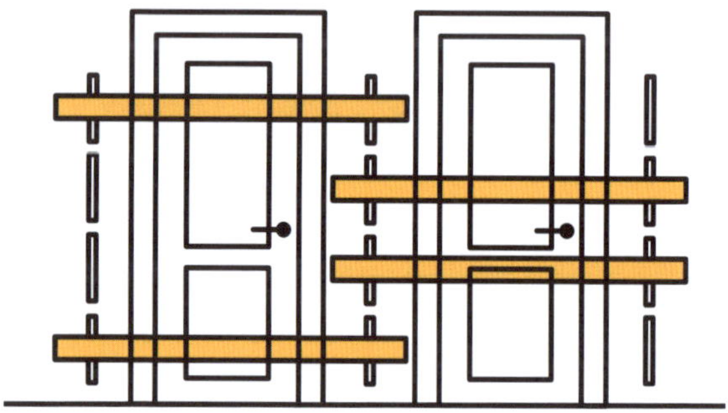

Das Einzige, was Sie wissen, ist: Beide Türen sind versperrt. Hinter jeder der zwei Türen muss sich also mindestens ein Riegel befinden.

Aber Sie sind nicht völlig verloren: Es gibt drei Knöpfe, mit denen Sie die Riegel vom Inneren der Zelle elektrisch bewegen können. Wird ein Riegel verschoben, befindet er sich danach hinter der jeweils anderen Tür. Wir bezeichnen die vier Riegel von oben nach unten mit R1, R2, R3 und R4.

- Knopf A verschiebt zufällig R1 oder R2 oder R3 oder R4.
- Knopf B verschiebt zufällig jeweils zwei Riegel: (R1 und R2) oder (R2 und R3) oder (R3 und R4) oder (R4 und R1).
- Knopf C verschiebt zufällig diese Riegel: (R1 und R3) oder (R2 und R4).

Können Sie sich aus der Zelle befreien? Falls ja: Wie viele Knöpfe müssen Sie drücken? Finden Sie eine möglichst kurze Folge, mit der Sie unabhängig von der Ausgangskonstellation eine Tür aufsperren können.

64) Kopf oder Zahl

Mit angezogenen Handschuhen und verbundenen Augen sitzt man nicht so oft am Tisch. Beim folgenden Rätsel ist das jedoch wichtig – ansonsten wäre die Lösung zu einfach.

Auf dem Tisch liegen genau 100 Münzen. 37 davon mit der Kopfseite nach oben, 63 mit der Zahlseite nach oben. Sie sollen diese 100 Münzen in zwei Gruppen aufteilen, sodass in jeder Gruppe gleich viele Münzen mit ihrer Kopfseite zu sehen sind. Alle 100 Münzen müssen dabei flach auf dem Tisch liegen, die Münzen dürfen nicht übereinanderliegen oder gestapelt sein.

Ihre Augen sind verbunden und zusätzlich tragen Sie Handschuhe, damit Sie die Kopfseite der Münzen nicht mit Ihren Fingern erfühlen können.

Damit die Aufgabe nicht ganz so schwer ist, dürfen Sie beliebig viele der 100 Münzen umdrehen, also von der Kopf- auf die Zahlseite wechseln oder umgekehrt. Aber wie schon gesagt: Sie können die Münzseiten weder sehen noch fühlen.

Wie teilen Sie die 100 Münzen in zwei Gruppen auf?

Zufällig variantenreich: Kombinatorik und Wahrscheinlichkeiten

65) Viele Freunde sollt ihr sein

München ist die drittgrößte Stadt Deutschlands. Laut offiziellen Angaben hatte die Stadt am 30. Juni 2023 genau 1.578.567 Einwohner. Vielleicht sind in der Zwischenzeit auch noch einige dazugekommen. Gut möglich, dass die Einwohnerzahl seitdem auch etwas gesunken ist.

Viele Menschen aus München haben Freunde, die ebenfalls in München leben. Für wie viele der knapp 1,6 Millionen Einwohner das gilt und wie viele Freunde jede einzelne dieser Personen hat, wissen wir nicht.

Sie sollen beweisen, dass es mindestens zwei Personen aus München gibt, die gleich viele Freunde in München haben.

Hinweis: Freundschaften sollen immer wechselseitig sein.

66) Zahlenspiele auf dem Parkplatz

Bereits früh am Morgen kommt Leben in den Gemüsemarkt. Gabelstapler wuseln hin und her, Bestellungen von Supermärkten, Restaurants und Kantinen werden abgearbeitet. Die frische Ware wird anschließend in 100 Transporter verladen, welche die Verteilung in Stadt und Umland übernehmen.

Die 100 Transporter sind mit den Zahlen von 1 bis 100 durchnummeriert. Sie parken vor der riesigen Markthalle in einer langen Reihe nebeneinander. Im Laufe des Tages kehren sie nach und nach von ihren Touren zurück. Die Transporter haben keinen festen Parkplatz. Vielmehr stellen die Fahrerinnen und Fahrer sie von links beginnend nebeneinander ab.

Theoretisch würden alle 100 Transporter gleichzeitig von ihrer Tour zurückkommen, doch Staus und sonstige Verzögerungen sorgen dafür, dass die Reihenfolge der Ankünfte zufällig ist – und damit auch der jeweilige Parkplatz.

Wie groß ist die Wahrscheinlichkeit, dass die Nummern der ersten drei Transporter ganz links eine ansteigende Folge bilden? Ein Beispiel dafür wären die Nummern 26, 65 und 81.

67) Die perfekte Sitzordnung für Welterklärer

Der Verein der Welterklärer trifft sich zu seiner jährlichen Galasitzung in einem Hotel. Für die 51 Männer und 51 Frauen steht ein großer runder Tisch bereit, an dem alle Platz finden.

Die Treffen der vergangenen Jahre haben gezeigt, dass es für jeden Anwesenden angenehmer ist, wenn sie beziehungsweise er nicht zwischen zwei Männern sitzt. Die männlichen Vereinsmitglieder neigen nämlich dazu, ohne Unterbrechung die Welt zu erklären. Das gehört zwar grundsätzlich zum Vereinszweck, doch gelegentliche Pausen sind durchaus willkommen – da herrscht Einigkeit unter den Vereinsmitgliedern.

Wie müssen sich die 51 Frauen und 51 Männer am Tisch platzieren, sodass keine Person zwischen zwei Männern sitzt?

68) Glück und Pech in der Tombola

Die alljährliche Firmentombola ist bei den Angestellten sehr beliebt. Schließlich gibt es keine Nieten – jeder darf einen Preis mit nach Hause nehmen. In diesem Jahr ist der Hauptpreis ein Tablet. Als weitere Preise hat die Personalchefin Handtücher und Wein besorgt.

Die Anzahl der zur Verfügung stehenden Preise entspricht genau der Anzahl der Angestellten. Der Gewinn für jeden Angestellten ist also entweder das Tablet, ein Handtuch oder eine Flasche Wein.

Alle Angestellten machen bei der Tombola mit, auch wenn sich der eine oder die andere über die Handtücher als Preise echauffiert. Warum gab es nicht Wein für alle Nichtgewinner des Tablets?

Helene zieht das erste Los und hat Glück: Sie gewinnt das Tablet. Ihr Kollege Ahmed zieht das zweite Los und bekommt ein Handtuch. Die Wahrscheinlichkeit für eine solche Verteilung beträgt 10 Prozent.

Wie viele Weinflaschen wurden verlost?

69) Hauptsache 1000

Vier Zahlen summieren – das bekommen Sie wahrscheinlich auch ohne Taschenrechner hin. Bei der folgenden Aufgabe müssen Sie jedoch nicht nur addieren, sondern auch kombinieren.

An der Tafel stehen folgende zwei Gleichungen:

$$1000 = 2 + 6 + 68 + 924$$
$$1000 = 1 + 3 + 45 + 951$$

In beiden steht auf der linken Seite die Zahl 1000 und rechts eine Summe aus vier Zahlen. In der oberen Gleichung sind die vier Summanden sämtlich geradzahlig. In der unteren Gleichung sind sie ungerade.

Nun gibt es ziemlich viele verschiedene Möglichkeiten, die Zahl 1000 als Summe von vier geraden oder auch von vier ungeraden Zahlen darzustellen.

Die Frage ist: Von welcher Darstellung – bestehend aus natürlichen Zahlen größer als null – existieren mehr unterschiedliche Varianten?

Hinweis: Die Reihenfolge der Summanden spielt keine Rolle. Das Vertauschen von zwei Summanden führt nicht zu einer neuen Variante, die sich von der Ausgangsvariante unterscheidet.

70) Ein Eimer bleibt leer

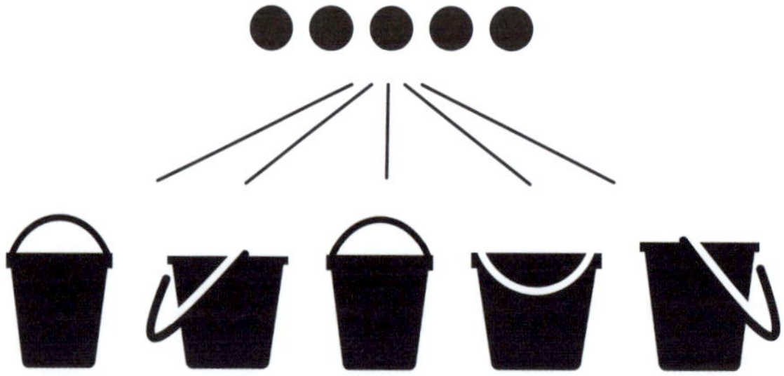

Auf dem Boden stehen fünf Eimer. Fünf Personen dürfen je einen Ball in einen der Eimer werfen. Die Auswahl des Eimers ist zufällig – sie hängt auch nicht davon ab, ob ein Eimer leer ist oder sich darin bereits mindestens ein Ball befindet.

Wie groß ist die Wahrscheinlichkeit, dass nach dem Verteilen der fünf Bälle exakt einer der fünf Eimer leer ist?

71) Ein Würfel – viele Möglichkeiten

Sie kennen Spielwürfel. Die sechs Seiten tragen die Augenzahlen von 1 bis 6. Die Würfel, um die es in diesem Rätsel geht, haben farbige Außenflächen. Es gibt genau sechs verschiedene Farben. Jede der sechs Würfelseiten ist mit einer der sechs Farben lackiert, wobei jede Farbe genau einmal vertreten ist.

Wie viele verschiedene Varianten eines solchen Farbwürfels sind möglich?

Hinweis: Zwei Varianten gelten als unterschiedlich, wenn sich die Würfel durch Drehung und Verschiebung nicht in Deckung bringen lassen.

72) Quadrate versenken

Das Spiel von Mirijana und Martin erinnert ein wenig an Schiffe versenken. Auf dem Tisch liegt ein quadratischer Kasten mit der Seitenlänge 5. In diesen Kasten legen Mirijana und Martin je einen quadratischen Zettel mit der Seitenlänge 1.

Beide haben dabei die Augen geschlossen, achten aber penibel darauf, dass die Kanten ihres Quadrats parallel zu den Kanten des quadratischen Kastens liegen. Mirijana legt ihr Quadrat zuerst, danach ist Martin dran.

Wie groß ist die Wahrscheinlichkeit, dass sich die beiden Quadrate von Mirijana und Martin überlappen?

Hinweis: Die beiden Quadrate müssen sich vollständig innerhalb des Kastens befinden.

73) Turm versus Läufer

Ein Läufer und ein Turm werden zufällig auf einem Schachbrett platziert. Ausgeschlossen ist, dass sie gemeinsam auf einem Feld stehen.

Wie groß ist die Wahrscheinlichkeit, dass eine Figur die andere schlagen kann?

Hinweis: Der Turm darf nur senkrecht und waagerecht ziehen, der Läufer nur diagonal.

74) Wie viele Fahrstühle werden gebraucht?

Bert ist Architekt und hat schon viele seltsame Wünsche von Kunden erfüllt. Bei dem siebenstöckigen Büroneubau kommt er jedoch ins Grübeln. Die Bauherrin möchte Fahrstühle einbauen, aber keine gewöhnlichen. Damit die Fahrstühle nicht laufend anhalten, wie sie es frühmorgens aus ihrem alten Gebäude kennt, sollen die Lifte nicht jede Etage bedienen.

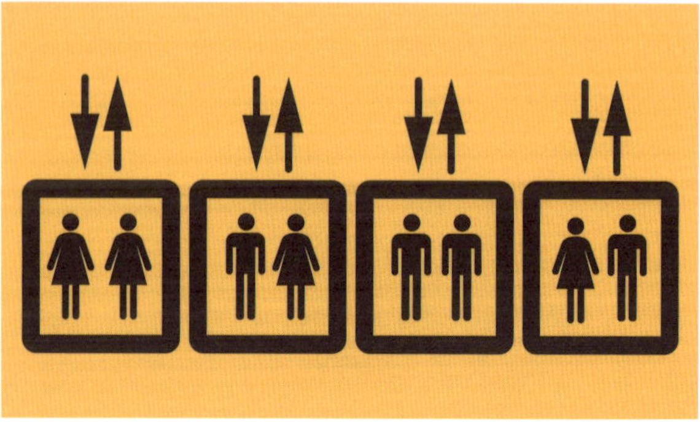

Alle Lifte starten im Erdgeschoss und fahren bis ins oberste Stockwerk – die siebente Etage. Auf den Etagen von eins bis sechs sollen pro Fahrstuhl nur drei Zwischenhalte erlaubt sein. Zugleich möchte die Bauherrin, dass Personen von jeder Etage aus jede andere Etage mit einem Lift erreichen können, ohne unterwegs umsteigen zu müssen.

Was ist die kleinstmögliche Anzahl an Fahrstühlen, mit der Bert die Wünsche der Bauherrin erfüllen kann?

75) Pizza schneiden für Profis

Normalerweise schneidet man eine Pizza ähnlich wie eine Torte: Die Schnitte verlaufen durch den Mittelpunkt, jede Schnittlinie teilt die runde Pizza in zwei Halbkreise. So entstehen meist sechs oder acht gleich große Stücke.

Doch wir möchten die Pizza nicht fair aufteilen, sondern in möglichst viele verschiedene Stücke. Diese müssen deshalb auch nicht gleich groß sein. Es gibt nur zwei Vorgaben: Jeder Schnitt muss gerade sein. Und die entstandenen Pizzastücke dürfen vor einem Schnitt nicht umgeordnet werden.

Wie viele Stücke können Sie maximal mit zehn Schnitten erhalten?

Zusatzfrage: Wie lautet die maximal mögliche Stückzahl bei 100 Schnitten?

76) Verwirrspiel im Terrarium

Chamäleons sind faszinierende Lebewesen. Die Kriechtiere können ihre Farbe wechseln. Sie tun dies allerdings nicht zur besseren Tarnung, sondern um mit Artgenossen zu kommunizieren.

Die sieben Chamäleons dieses Rätsels leben gemeinsam in einem großen Terrarium. Vier von ihnen sind rot gefärbt, zwei blau und eins ist grün. Die Tiere können jede dieser drei Farben annehmen, aber keine weitere.

Normalerweise gehen sich die Chamäleons aus dem Weg. Begegnen sich dann aber doch mal zwei Tiere, kommt es bei beiden zu einem Farbwechsel – allerdings nur, wenn beide unterschiedlich gefärbt sind. Beide nehmen dann die dritte Farbe an. Ein Beispiel: Treffen sich ein rotes und ein grünes Tier, sind sie danach beide blau.

Ist es möglich, dass nach einer gewissen Zeit alle Chamäleons im Terrarium dieselbe Farbe haben?

Wie ist die Situation, wenn im Terrarium sechs rote, zwei blaue und ein grünes Tier leben?

Im freien Fall:
Physik-Rätsel

77) Welcher Stab ist magnetisch?

Sie kennen Stabmagneten wahrscheinlich aus der Schule oder aus einem Physikbaukasten. Damit sind tolle Tricks möglich: So können Sie etwa einen Stabmagneten mit einem anderen Stabmagneten über den Tisch schieben, ohne dass diese sich berühren. Sie müssen dazu nur die Nordpolseite des einen Stabes der Nordpolseite des anderen nähern, denn diese stoßen sich gegenseitig ab.

Beim folgenden Rätsel liegt allerdings nur ein Stabmagnet auf dem Tisch. Der zweite Stab ist schlicht aus Eisen. Er wird deshalb vom Stabmagneten angezogen.

Sie wissen leider nicht, welcher der beiden Stäbe der Stabmagnet und welcher aus Eisen ist. Beide Stäbe sind gleich schwer.

Wie können Sie ohne weitere Hilfsmittel herausfinden, welcher der beiden Stäbe der Stabmagnet ist?

78) Das Wettrennen der Tiere

Die Tartanbahn hat ungewöhnliche Besucher: Ein Hase, ein Hund und eine Katze treffen sich zu einem Wettrennen. Es treten immer zwei Tiere gegeneinander an. Sie laufen eine Runde im Stadion. Diese ist 400 Meter lang.

Das erste Rennen – Hase gegen Hund – gewinnt der Hase. Als der Hase das Ziel erreicht, hat er 20 Meter Vorsprung. Im zweiten Rennen – Hund gegen Katze – siegt der Hund mit 50 Metern Vorsprung.

Im letzten Rennen treten Hase und Katze gegeneinander an. Mit welchem Vorsprung gewinnt der Hase?

Hinweis: Wir nehmen an, dass jedes der Tiere in jedem Rennen gleich schnell läuft.

79) Abgefahren

Keine Rätselsammlung ohne Eisenbahn! Die folgende Aufgabe dreht sich um eine zweigleisige Eisenbahnstrecke, die von unterschiedlich schnellen Zügen befahren wird. Sie verbindet die Stadt A mit der Stadt B.

Zwei Züge starten zum selben Zeitpunkt in A und B und fahren in entgegengesetzter Richtung nach B beziehungsweise A. Beide Züge fahren mit unterschiedlicher, aber konstanter Geschwindigkeit.

Nachdem sich beide Züge begegnet sind, braucht der schnelle ICE noch genau eine Stunde bis zum Ziel. Der langsamere Regionalzug benötigt hingegen noch vier Stunden.

Wie ist das Verhältnis der Geschwindigkeiten der beiden Züge?

80) Die Fliege im Glas

Zwei identische, mit Deckel geschlossene Gläser stehen auf einer hochpräzisen Balkenwaage. Das eine Glas befindet sich in der linken Schale, das andere in der rechten.

Die Waage ist jedoch nicht ganz im Gleichgewicht. Denn in einem der Gläser sitzt eine Fliege – und zwar unten auf dem Boden.

Was passiert mit der Waage, wenn die Fliege vom Boden abhebt und eine Runde im Glas fliegt?

Hinweis: Die Fliege kann ihr Glas nicht verlassen, beide Gläser sind verschlossen.

81) Die Spritztour

Aliyah liebt ihr kleines Motorboot. Sie wohnt an einem Fluss und fährt am liebsten ein Stück flussabwärts bis zum spektakulären Felsen in der Mitte des Flusses. Für die Strecke bis dahin braucht sie 20 Minuten.

Auf dem Rückweg muss sie gegen die Strömung fahren, aber mehr Gas gibt sie deshalb nicht. Sie stellt den Gashebel auf dieselbe Stufe wie bei der Fahrt zum Felsen. Die Rückfahrt dauert wegen der Strömung genau doppelt so lang: 40 Minuten.

Wenn es keine Strömung gäbe, wie lange würde Aliyahs Spritztour von zu Hause bis zum Felsen dann dauern?

82) Flüchtige Begegnung am Bahnsteig

Sie stehen mit einer Freundin auf einem 380 Meter langen Bahnsteig, als eine Durchsage kommt: »Vorsicht, Zugdurchfahrt«. Das macht Sie neugierig. Sie wollen schauen, was Sie über den Zug herausfinden können, und greifen zur Stoppuhr.

Ihre Freundin stoppt, wie lange es dauert, bis der Zug, ein ICE, an Ihnen vorbeigefahren ist. Es sind 7 Sekunden.

Sie stoppen, wie lange der ICE braucht, um den gesamten Bahnsteig zu passieren. Zwischen dem Moment, in dem die Spitze des Zuges den Bahnsteig erreicht, und dem Moment, in dem das Ende des Zuges den Bahnsteig verlässt, vergehen 26 Sekunden.
Wie lang ist der Zug?

Hinweis: Stellen Sie keine komplizierten Gleichungen mit einer oder mehreren Unbekannten auf. Rechnen Sie möglichst einfach. Die Geschwindigkeit des Zuges während der Vorbeifahrt ist konstant.

83) Schnell ans Ziel

Eine Frau und ihr Vater wollen so schnell wie möglich eine 60 Kilometer lange Strecke zurücklegen. Die Strecke verläuft über eine einsame Straße. Das Duo hat ein altes Fahrrad, mit dem jeder von ihnen 12 km/h fahren kann. Nutzen kann das Rad immer nur eine Person, die andere muss währenddessen laufen.

Beide sind passionierte Läufer. Die Frau joggt mit 8 km/h, ihr Vater schafft 6 km/h. Sie starten gemeinsam und möchten gemeinsam im Ziel ankommen. Wie schnell können sie dort sein?

Hinweis: Eine der Personen kann das Rad am Weg für die andere Person stehen lassen und weiterjoggen. In der menschenleeren Gegend ist das kein Problem, das Rad wird von niemandem sonst angerührt.

84) Hund jagt Modelleisenbahn

Das Weihnachtsgeschenk für Karl fiel in diesem Jahr etwas größer aus: eine Modellbahn für den Garten. Er hat die Bahn natürlich sofort auf seiner riesigen Wiese aufgebaut. Dabei gab es allerdings einige Aufregung bei seinem Hund.

Der Zug, bestehend aus Lokomotive und diversen Waggons, hat eine stattliche Länge von 50 Metern. Zu Beginn stehen Karl und der Hund am Ende des Zuges. Als er sich in Bewegung setzt, spielt der Hund verrückt. Er rennt zur Spitze des fahrenden Zuges und kehrt sofort wieder um, um zurück zum Ende des Zuges zu flitzen. Als er dort ankommt, ist der Zug genau 50 Meter gefahren.

Wir nehmen an, dass sich Zug und Hund jeweils mit konstanter Geschwindigkeit und geradlinig bewegen, weil die Schienen der Gartenbahn über mehr als 100 Meter schnurstracks geradeaus verlaufen. Beide erreichen ihre normale Geschwindigkeit nach dem Start fast augenblicklich – die jeweilige Beschleunigungsphase können wir vernachlässigen.

Welche Strecke hat der Hund zurückgelegt?

85) Laufduell am Baggersee

Steffi und Sarah treffen sich zum Lauftraining an einem Baggersee, um den eine Laufbahn führt. Beide stehen nebeneinander und starten in entgegengesetzter Richtung. Es dauert eine Minute, bis sie sich wieder treffen.

Bei der zweiten Trainingseinheit ändern sie das Prozedere: Sie stehen wieder nebeneinander, starten jedoch in dieselbe Richtung. Es dauert eine Stunde, bis sie einander wieder begegnen.

Offensichtlich laufen Steffi und Sarah unterschiedlich schnell. Wie ist das Verhältnis ihrer Geschwindigkeiten?

Hinweis: Wir nehmen an, dass beide Läuferinnen in beiden Trainingseinheiten jeweils gleich schnell laufen.

86) Was macht das Fahrrad?

Das Fahrrad ist ein raffiniertes Fortbewegungsmittel. Mit nur geringem Krafteinsatz bringt es Menschen deutlich schneller voran, als wenn sie laufen. Nur bergauf und gegen den Wind kann Radfahren zur Qual werden.

Auf dem Fahrrad, um das es in diesem Rätsel geht, sitzt allerdings niemand. Es lehnt an einem Tisch, an dessen Kante es leicht vorwärts- oder rückwärtsgeschoben werden kann. Eines der Pedale zeigt senkrecht nach unten, das andere nach oben.

Am unteren Pedal ist eine Leine befestigt. Sie stellen sich hinter das Hinterrad und ziehen vorsichtig an der Leine, als wollten sie das Fahrrad rückwärts zu sich ziehen.

Was geschieht mit dem Rad? Rollt es rückwärts oder vorwärts? Oder bewegt es sich gar nicht?

Hinweis: Wir nehmen an, dass die Reifen einen guten Kontakt zum Boden haben und nicht darauf rutschen.

Einfach schwierig: Knobeleien für Profis

87) Drei Euro, drei Würfel

Das Würfelspiel Chuck-a-luck ist schon in mehreren Filmen aufgetaucht. Etwa 1952 im Fritz-Lang-Film »Engel der Gejagten« oder im James-Bond-Klassiker »Der Mann mit dem goldenen Colt«. Es ist auch unter dem Namen Birdcage (Vogelkäfig) bekannt, weil die drei Spielwürfel in einem Käfig stecken, der bei jeder Runde gedreht wird.

Der Ablauf des Spiels ist nicht allzu kompliziert: Sie dürfen einen Euro auf eine der sechs möglichen Augenzahlen setzen. Dann werden die drei Würfel zugleich geworfen.

- Wenn die von Ihnen gewählte Zahl nicht dabei ist, verlieren Sie Ihren Einsatz.
- Ist die Zahl einmal dabei, bekommen Sie Ihren Einsatz (einen Euro) zurück und noch einen Euro dazu.
- Taucht Ihre Zahl zweimal auf, bekommen Sie Ihren Einsatz plus zwei Euro – also insgesamt drei Euro.
- Zeigen alle drei Würfel die von Ihnen gewählte Zahl, erhalten Sie einen plus drei Euro – also vier Euro.

Wer hat die besseren Chancen bei diesem Spiel? Sie oder das Casino?

Hinweis: Versuchen Sie, komplizierte Berechnungen zu vermeiden. Sie müssen keine genauen Wahrscheinlichkeiten berechnen. Es reicht, wenn Sie zeigen, welche Seite einen Vorteil hat oder dass es sich um ein faires Spiel handelt.

88) Passt eine CD durch ein deutlich kleineres Loch?

Bei diesem Rätsel ist einiges anders, denn Sie sollten am besten direkt zu Schere und Papier greifen. Sie haben ein Blatt Papier der Größe DIN A4. Es hat in der Mitte eine Öffnung in Form eines auf der Spitze stehenden Quadrats – siehe Skizze.

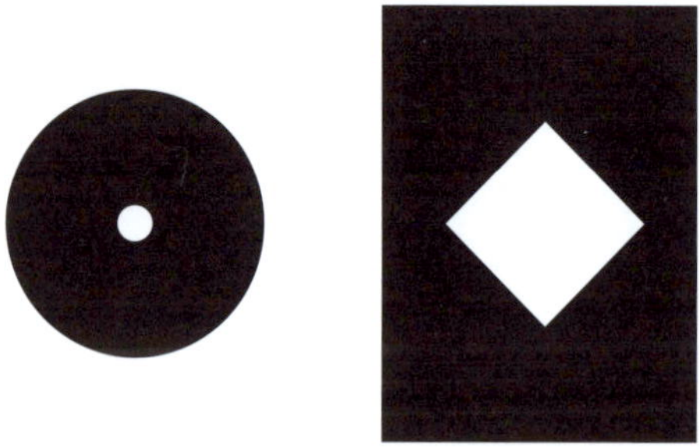

Durch dieses Loch sollen Sie eine CD stecken. Die Schwierigkeit besteht darin, dass die CD größer ist als die Diagonale des quadratischen Lochs. Sie dürfen bei der Lösung aber das Blatt Papier verbiegen oder auch falten.

Wie lässt sich das Problem lösen?

Hinweis: Die CD hat einen Durchmesser von rund 12 cm. Die Kantenlänge der quadratischen Öffnung beträgt 7 cm, die Diagonale ist etwa 10 cm lang. Sie können auch ein vorbereitetes PDF nutzen. Der Downloadlink lautet: https://t.ly/K0ddH

89) Spaghetti-Dreieck gesucht

Nudeln aus Hartweizen sind empfindlich. Vor allem dünne Spaghetti zerbrechen sehr leicht. Das macht diese Nudelvariante zu einem interessanten Gegenstand für ein Gedankenexperiment.

Stellen wir uns vor, wir zerbrechen einen Spaghetto zufällig in drei Teile.

Wie groß ist dann die Wahrscheinlichkeit, dass wir aus den drei Segmenten ein Dreieck legen können?

90) Die Monsterzahl und ihre zwei Nicht-Teiler

Ihre Vorlesung über Zahlentheorie beginnt die Professorin mit einem kleinen Spiel. Erst schreibt sie eine gigantische Zahl an die Tafel. Welche Zahl das ist, ist nicht bekannt. Danach zählt sie die anwesenden Studentinnen und Studenten laut durch. Jede Person soll sich die Nummer merken, die für sie genannt wird. Die Professorin kommt bis zur Zahl 200 – so viele Studierende befinden sich im Hörsaal.

Nun bittet die Professorin alle Anwesenden, die Zahl an der Tafel durch die eigene Nummer zu dividieren. Sofern das ohne Rest möglich ist, soll die betreffende Person »Ja« sagen, ansonsten »Nein«.

Die Studentinnen und Studenten kommen in der Reihenfolge ihrer Nummern dran. Der junge Mann ganz vorn links sagt »Ja«. Logisch, er hat die Nummer eins, und jede natürliche Zahl ist durch eins teilbar.

Die Professorin hört danach immer ein »Ja« – bis auf zwei Ausnahmen: Zwei nebeneinandersitzende Personen mit aufeinanderfolgenden Nummern sagen »Nein«.

Wie lauten die Nummern dieser beiden Personen?

91) Clever gefragt

Eine Frau ist auf einer Insel gelandet, auf der es zwei Gruppen von Menschen gibt. Die einen lügen immer, die anderen sagen stets die Wahrheit. Es gibt kein äußeres Merkmal, an dem man die Menschen aus den beiden Gruppen voneinander unterscheiden kann. Dieses Setting dürfte Ihnen schon vertraut sein.

In einem Café trifft die Frau einen Mann, von dem sie nicht weiß, zu welcher Gruppe er gehört. Sie darf ihm eine Frage stellen, um das herauszufinden.

Die Frage muss allerdings einer Bedingung genügen: Die Frau darf die richtige, also die der Wahrheit entsprechende

Antwort darauf nicht kennen, wenn sie ihre Frage stellt. Die naheliegende Frage, was 1+1 ist, hat sich damit erledigt.

Die Frau überlegt kurz, fängt an zu grinsen und sagt dann:

»Ich weiß, was ich frage.«

Wissen Sie es auch?

92) Paul gewinnt zu oft

Die Regeln des Zahlenspiels von Martha und Paul sind einfach: Ein Zufallsgenerator würfelt zwei Zahlen, die im Intervall von 0 bis 1 liegen. Anders als es das Bild suggeriert, kann die Zahl Hunderte Nachkommastellen haben. Die Wahrscheinlichkeit, dass beide Zufallszahlen gleich groß sind, ist so gering, dass wir diesen Fall vernachlässigen können.

Die erste Zahl wird angezeigt und Paul muss dann entscheiden, ob die zweite, ihm noch nicht bekannte Zahl größer oder kleiner ist. Liegt er richtig, gewinnt er diese Runde und bekommt einen Punkt. Ist seine Auswahl falsch, bekommt seine Mitspielerin Martha den Punkt.

Paul nutzt eine einfache und offenbar erfolgreiche Strategie: Ist die angezeigte Zahl größer als (oder gleich) 0,5, tippt er darauf, dass die zweite Zahl kleiner ist. Ist die angezeigte Zahl kleiner als 0,5, lautet sein Tipp: Zahl zwei ist größer.

Martha und Paul spielen eine Weile, aber Paul gewinnt deutlich häufiger. Um das Spiel spannender zu gestalten, ändern die beiden die Regeln. Martha darf sich die beiden Zufallszahlen vorab anschauen und jene auswählen, die Paul gezeigt wird.

Wie muss Martha vorgehen, um ihre Gewinnchancen zu erhöhen? Mit welcher Wahrscheinlichkeit gewinnt sie nun? Mit welcher Wahrscheinlichkeit hat Paul das Spiel nach den ursprünglichen Regeln gewonnen?

93) Der Kartentrick

Auf einem Tisch liegen 30 Spielkarten. Sie haben drei verschiedene Farben, die gleich häufig auftreten. Jede Farbe gibt es also zehnmal. Aus den 30 Farben werden zufällig drei Stapel mit je zehn Karten gebildet – siehe Zeichnung.
Sie sollen nun die Karten so umsortieren, dass in jedem der drei Stapel nur noch Karten derselben Farbe liegen.

Ein Umsortierungsschritt läuft folgendermaßen ab: Sie nehmen eine Karte aus einem Stapel und tauschen sie mit einer Karte aus einem anderen Stapel.

Wie viele solcher Schritte sind maximal nötig, bis jeder Stapel einfarbig ist? Gesucht ist die kleinste Anzahl an Schritten, mit der das Sortieren nach Farben in allen Konstellationen klappt.

94) Verblüffender Zifferntausch

Die folgende Knobelei scheint auf den ersten Blick leicht lösbar zu sein. Aber unterschätzen Sie die Aufgabe nicht! Bei einer natürlichen Zahl wird die letzte Ziffer von ganz rechts nach ganz links an die neue Position eins verschoben. Dadurch ergibt sich eine Zahl mit gleich vielen Stellen, die allerdings doppelt so groß ist wie die ursprüngliche Zahl.

Gesucht ist die kleinste natürliche Zahl, mit der diese Ziffernverschiebung klappt.

95) Fairness am Kaffeetisch

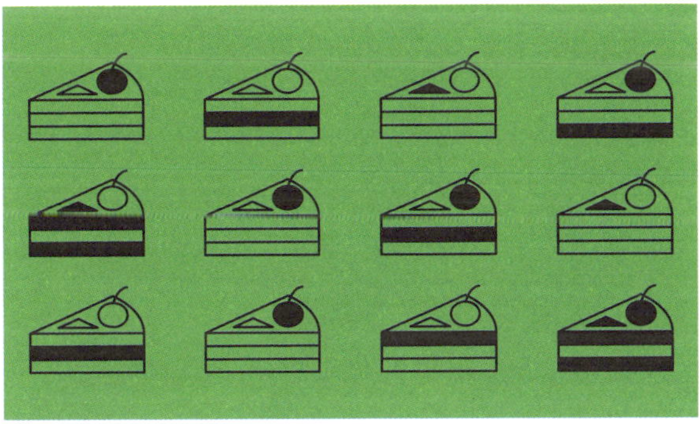

Unter Mathematikern wird selbst die Kaffeepause zu einer intellektuellen Herausforderung. Sie treffen sich am Nachmittag im Büro der Professorin – die hat eine große Torte mitgebracht. Es versteht sich von selbst, dass die Anwesenden die Torte fair unter sich aufteilen möchten.

Geht es nur um zwei oder vier Personen, ist eine gerechte Aufteilung noch vergleichsweise leicht. Wie aber kann das Zerschneiden der Torte für eine beliebige Personenzahl n gelingen, sodass sich hinterher niemand beschweren kann, dass er oder sie über den Tisch gezogen wurde?

Lösen Sie die Aufgabe am besten zunächst für den einfachen Fall $n = 2$.

96) Eine Karte macht den Unterschied

Die beiden Freundinnen Aliyah und Beatrix bekommen je einen Stapel Karten. Jede der beiden Frauen nummeriert ihre Karten fortlaufend durch – beginnend mit 1 bei der ersten Karte.

Danach versucht jede von ihnen, die eigenen Karten so in einer Reihe anzuordnen, dass benachbarte Karten keine identischen Ziffern haben. Neben der 21 darf zum Beispiel weder die 12 noch die 15 liegen.

Aliyah hat kein Problem mit der Sortierung ihrer n Karten. Beatrix hingegen schafft es nicht – sie hat allerdings auch eine Karte weniger als Aliyah – also n – 1 Karten.

Finden Sie die kleinstmögliche Kartenzahl n, bei der dieses Phänomen auftritt!

97) Alles Einsen

Wer zu tief ins Glas geschaut hat, sieht womöglich Dinge doppelt oder mehrfach – auch Zahlen. Dies ist eine der Theorien dafür, wie der Begriff »Schnapszahl« entstanden sein könnte. Trinkspiele sind eine andere Erklärung. Wenn beispielsweise beim Würfeln Augenzahlen doppelt aufgetaucht sind, mussten die Gläser geleert werden.

Um Schnapszahlen geht es auch im folgenden Zahlenrätsel. Mit welcher Zahl muss man 13 multiplizieren, damit als Ergebnis eine Zahl herauskommt, deren Ziffern sämtlich Einsen sind?

Wie viele Lösungen gibt es?

98) Perfekt geteilt

Teilen ist nicht einfach, weil immer irgendjemand nicht ganz zufrieden ist. Ihre Aufgabe ist, eine kreisrunde Torte zu halbieren. Das sollte keine zu große Herausforderung sein: Der gerade Schnitt muss lediglich durch den Mittelpunkt verlaufen, um zwei gleich große Hälften zu erhalten.

Die Schnittlinie ist dann genauso lang wie der Durchmesser der Torte. Die Frage ist, ob es nicht eine Schnittlinie gibt, die kürzer ist als der Durchmesser und die Torte trotzdem halbiert. Wie lautet Ihre Antwort?

Hinweis: Die Schnittlinie verbindet zwei Punkte auf dem Rand der kreisförmigen Tortenoberfläche. Sie muss nicht geradlinig sein.

99) Rechenspiele in der Kantine

In Kantinen und Mensen wird kaum noch mit Bargeld hantiert. In Selmas Firma ist das anders: Die junge Frau hat immer ein paar Euro und ein paar Cent dabei, womit sie ihr Mittagessen problemlos bezahlen kann.

Eines Tages macht sie eine überraschende Entdeckung. Sie hat weniger als zehn Euro eingesteckt. Wenn sie die drei Ziffern dieses Betrags vertauscht, erhält sie exakt den Preis des Mittagessens, das sie bestellt hat. Und wenn sie nochmals eine oder mehrere Ziffern vertauscht, ergibt sich exakt der Betrag, den sie nach dem Bezahlen des Mittagessens noch hat.

Mit wie viel Geld hat Selma die Kantine betreten?

Hinweis: Alle drei Ziffern der Geldbeträge sind größer als null.

100) Perfekte Logik

»Wer bin ich?« heißt das Partyspiel, bei dem jeder den Namen einer bekannten Person auf der Stirn kleben hat. Niemand kennt den Namen auf seinem Zettel und muss diesen durch geschicktes Fragen herausfinden.

Die beiden Helden des neuen Rätsels, Alena und Bela, haben je eine Zahl auf ihrer Stirn kleben. Es ist in beiden Fällen eine 12. Beide kennen ihre eigene Zahl jedoch nicht, können aber die ihres Mitspielers sehen.

Alena und Bela wissen immerhin, dass es sich nur um natürliche Zahlen größer als null handelt. Und dass die Summe der beiden Zahlen entweder 24 oder 27 ist.

Die Spielleiterin fragt die beiden abwechselnd: »Kennst du deine Zahl?« Und bekommt mehrfach dieselbe Antwort:

Alena: »Nein.«
Bela: »Nein.«
Alena: »Nein.«
Bela: »Nein.« …

Die Frage ist, ob Alena und Bela die Frage auch danach weiterhin immer wieder mit »Nein« beantworten werden. Oder ob sie vielleicht doch herausfinden, welche Zahl auf ihrer Stirn klebt.

Falls ja, nach wie vielen Fragen wäre das der Fall und warum?

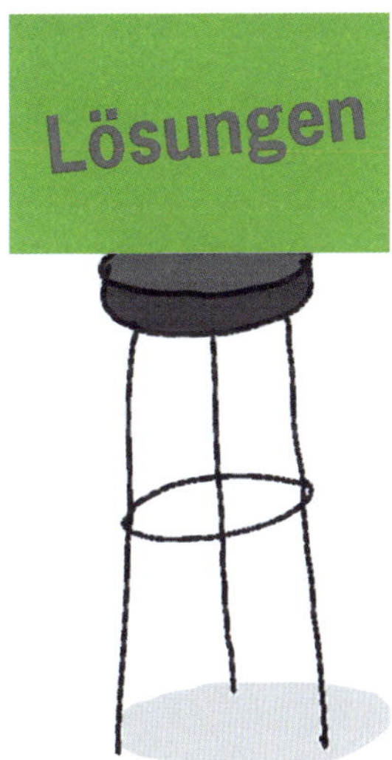
Lösungen

1) Putzorgie in der Restaurantküche

Lösungen

Die drei brauchen zusammen 24/13 Stunden, was einer Stunde, 50 Minuten und 46 Sekunden entspricht. Es gibt mehrere Wege, auf dieses Ergebnis zu kommen. Ich schlage den folgenden vor.

Mit a, b, und c bezeichnen wir die Arbeitsgeschwindigkeit von Anna, Bert und Charlie pro Stunde. Die zu leistende Arbeit nennen wir A. Dann gelten folgende Gleichungen:

$$2a + 2b = A$$
$$3b + 3c = A$$
$$4a + 4c = A$$

Wir dividieren alle drei Gleichungen durch die jeweilige Stundenzahl. Die drei Gleichungen geben dann an, wie viel die Köche in einer Stunde schaffen:

$$a + b = \frac{A}{2}$$
$$b + c = \frac{A}{3}$$
$$a + c = \frac{A}{4}$$

Jetzt addieren wir die drei Gleichungen und erhalten:

$$2(a + b + c) = \frac{13}{12} \times A$$

Nun dividieren wir beide Seiten durch 13/12. Dann steht rechts A, also die von dem Trio zu leistende Arbeit. Und der Faktor links vor (a+b+c) gibt an, wie viele Stunden die drei dafür brauchen:

$$\frac{24}{13} \times (a + b + c) = A$$

2) Der superschwere Güterzug

Die zwei Wagen wiegen 320 Tonnen.

Wenn die ersten drei Waggons die Massen a, b und c haben, muss der vierte Waggon wieder die Masse a besitzen, damit die Masse von drei aufeinanderfolgenden Waggons sich nicht ändert. Waggon 5 hat deshalb Masse b, Waggon 6 Masse c und bei Wagen 7 beginnt es wieder mit Masse a.

Die Massen a, b, c folgen also in dieser Reihenfolge immer wieder aufeinander – und zwar 13-mal bis zum Waggon 39. Die ersten 39 Waggons sind deshalb $13 \times 430 = 5590$ Tonnen schwer.

Waggon 40 hat wieder die Masse a. Weil der Zug insgesamt 5700 Tonnen wiegt, gilt:

$a = 5700 - 5590$ Tonnen
$a = 110$ Tonnen

und

$b + c = 430$ Tonnen $- a$
$b + c = 320$ Tonnen

Die Wagen in der Mitte haben die Nummern 20 und 21. Sie haben deshalb die Massen b und c. Daher ist 320 Tonnen die gesuchte Lösung.

3) Hundert Quadratzahlen

Das Ergebnis ist 5050. Dies entspricht genau der Summe aller Zahlen von 1 bis 100.

Die Lösung zu finden, ist nicht besonders schwer, wenn wir die binomische Formel $a^2 - b^2 = (a+b)(a-b)$ nutzen und die Quadratzahlen der Größe nach anordnen.

Aus $100^2 - 99^2$ wird so

$$(100-99)(100+99) = 100+99.$$

Für die gesuchte Summe ergibt sich:

$$\text{Summe} =$$
$$(100-99)(100+99)+(98-97)(98+97) + \dots$$
$$\dots + (2-1)(2+1)$$

Weil sich benachbarte Zahlen immer genau um 1 unterscheiden, können wir die Ausdrücke (100–99), (98–97) und so weiter einfach weglassen. Das vereinfacht die Berechnung erheblich:

$$\text{Summe} = 100+99+98+97 + \dots + 2+1$$

Lösungen

Die Zahlen von 1 bis 100 müssen wir nicht im Kopf addieren, wir nutzen vielmehr den Trick, mit dem der Mathematiker Carl Friedrich Gauß einst als Schüler seinen Lehrer beeindruckte. Dazu sortieren wir die Zahlen zu 50 Paaren um, deren Summe jeweils 101 ist:

$$\text{Summe} = (100 + 1) + (99 + 2) + \ldots + (51 + 50)$$
$$\text{Summe} = 50 \times 101$$
$$\mathbf{Summe = 5050}$$

4) Wie lang ist die Diagonale?

Die Linie hat eine Länge von 12.

Um das herauszufinden, müssen Sie weder den Satz des Pythagoras bemühen noch eine komplizierte Berechnung durchführen. Es reicht, sich klarzumachen, dass die zweite Diagonale des Rechtecks genau dem Radius des Viertelkreises entspricht und eine Länge von $7 + 5 = 12$ hat. Weil die zwei Diagonalen eines Rechtecks gleich lang sind, entspricht 12 auch der gesuchten Länge.

5) Das perfekte Ei

Wir starten beide Sanduhren gleichzeitig. Immer wenn eine Sanduhr durchgelaufen ist, drehen wir sie sofort wieder um. Sobald die Acht-Minuten-Uhr zweimal gelaufen ist, also 16 Minuten nach dem Start, kommt das Ei ins kochende Wasser. 20 Minuten nach dem Start beider Uhren ist die Fünf-Minuten-Uhr viermal durchgelaufen – das ist der Moment, um das Ei wieder aus dem Wasser zu holen. Es hat dann genau vier Minuten gekocht.

Mehrere Leserinnen und Leser haben noch eine zweite Lösung gefunden, bei der das Ei sogar schon früher fertig ist. Der Trick dabei ist, dass eine der Sanduhren schon umgedreht wird, bevor sie vollständig durchgelaufen ist. Gestartet wird wie bei der Lösung oben. Nach acht Minuten kommt das Ei ins kochende Wasser – und die Acht-Minuten-Uhr wird umgedreht. Die Fünf-Minuten-Uhr ist in diesem Moment bereits einmal umgedreht worden und danach drei Minuten gelaufen. Sie läuft also noch zwei Minuten. Wenn die Fünf-Minuten-Uhr durch ist, ist die Acht-Minuten-Uhr zwei Minuten gelaufen. Wir drehen die Acht-Minuten-Uhr mit Ablauf der Fünf-Minuten-Uhr um und zwei Minuten später ist auch sie abgelaufen. Das Ei hat zu diesem Zeitpunkt genau vier Minuten gekocht. Vielen Dank an die Einsender dieser cleveren Lösung!

Eine von mir vorgeschlagene Lösung ohne Umdrehen der Uhr kann man durch geschicktes Probieren finden. Oder wir nutzen eine Methode aus der Zahlentheorie, mit der wir mit Sicherheit alle Lösungen erhalten. Damit wir auf exakt vier Minuten kommen, muss ein Vielfaches von 5 um 4 größer oder kleiner sein als ein Vielfaches von 8.

Anders formuliert: Ein Vielfaches von 8 muss beim Teilen durch 5 den Rest 4 oder –4 lassen. Mathematiker verwenden für die Berechnung des Restes einer Zahl beim Teilen durch eine andere Zahl die Funktion modulo – kurz mod.

Es gilt zum Beispiel:

$21 \bmod 5 = 1$, weil 21 beim Teilen durch 5 den Rest 1 lässt.

Für unser Sanduhrproblem muss eine der folgenden beiden Gleichungen zutreffen:

$$8 \times a \bmod 5 = \pm 4$$

Weil –4 beim Teilen durch 5 derselbe Rest ist wie +1, können wir auch schreiben:

$$8 \times a \bmod 5 = 1$$
$$8 \times a \bmod 5 = 4$$

Wir suchen nun alle Lösungen für beide Gleichungen. Weil es um Reste beim Teilen durch 5 geht, reicht es, für a die fünf Zahlen von 0 bis 4 zu prüfen. In a enthaltene Vielfache von 5 ändern am Rest von a beim Teilen durch 5 nichts. Wir setzen die Werte von 0 bis 4 für a ein und erhalten:

$$8 \times 0 \bmod 5 = 0 \bmod 5 = 0$$
$$8 \times 1 \bmod 5 = 8 \bmod 5 = 3$$
$$8 \times 2 \bmod 5 = 16 \bmod 5 = 1$$
$$8 \times 3 \bmod 5 = 24 \bmod 5 = 4$$
$$8 \times 4 \bmod 5 = 32 \bmod 5 = 2$$

Wir haben genau zwei Lösungen gefunden: a=2, dann hat 8×2 den Rest +1, was –4 entspricht. Und a=3. Dann ist der Rest +4.

Im Fall a=2 kommt das Ei nach $8 \times 2 = 16$ Minuten ins Wasser und ist nach 20 Minuten (5×4) fertig.

Im Fall a=3 ist das Ei nach $8 \times 3 = 24$ Minuten fertig und kommt 4 Minuten vorher (5×4) ins Wasser.

Weitere Lösungen ergeben sich, wenn wir zu a Vielfache von 5 addieren. Also zum Beispiel $a = 7$ ($7 \times 8 = 56$, $5 \times 12 = 60$) und $a = 8$ ($5 \times 12 = 60$, $8 \times 8 = 64$).

6) Seltsame Zahl gesucht

Die gesuchte kleinstmögliche Zahl ist 39.990.

Die Zahl und ihre Quersumme müssen durch 30 teilbar sein – also durch 3 und durch 10. Wenn eine Zahl die Quersumme 30 hat, ist sie durch 3 teilbar. Denn jede Zahl, deren Quersumme durch 3 teilbar ist, ist durch 3 teilbar. Wir suchen also eine Zahl, die durch 10 teilbar ist und deren Quersumme 30 ist. Die Einerstelle der gesuchten Zahl, die letzte Ziffer ganz rechts, muss deshalb eine 0 sein.

Damit die Zahl möglichst klein ist, muss sie aus möglichst wenigen Ziffern bestehen. Je größer die Quersumme, umso mehr Ziffern sind nötig – und umso größer wird die Zahl. Wir suchen uns deshalb die kleinstmögliche, durch 30 teilbare Quersumme. Das ist 30.

Um auf eine Quersumme von 30 zu kommen, muss die gesuchte Zahl mindestens fünfstellig sein. Denn mit einer vierstelligen Zahl, die auf 0 endet, ist höchstens eine Quersumme von 27 möglich: **9990**.

Fügen wir ganz vorn die Ziffer 3 hinzu, kommen wir auf die gesuchte Quersumme von 30. Die Zahl **39.990** ist auch die kleinstmögliche Zahl mit dieser Quersumme, denn bei ihr sind die drei Ziffern hinter der ersten Ziffer so groß wie möglich und die erste Ziffer deshalb so klein wie möglich.

39.990 erfüllt die geforderten Bedingungen: Sie selbst und auch ihre Quersumme 30 sind durch 2, 3 und 5 teilbar.

7) Piraten streiten um 120 Goldmünzen

An Bord befinden sich entweder **zwölf Piraten** (10 normale, ein Chef und seine rechte Hand) oder **114 Piraten** (112 normale Piraten plus die beiden höhergestellten).

Der Trick ist, sich die Primfaktorzerlegung von 119 anzuschauen. Denn wie wir gleich sehen werden, muss 119 das Produkt zweier natürlicher Zahlen sein. Eine der Zahlen gibt an, wie viele Münzen jeder einfache Pirat bekommt. Die andere Zahl steht für die Gesamtzahl der Piraten, wobei die Chefs mehrfach zählen.

Der Chef bekommt so viele Münzen wie fünf Piraten – er zählt so viel wie fünf normale Piraten. Seine rechte Hand bekommt doppelt so viele, zählt also wie zwei Piraten. Wenn p die Anzahl der normalen Piraten ist, müssen wir die 119 Münzen durch $p+2+5=p+7$ teilen. Das Ergebnis sollte eine natürliche Zahl sein, denn es handelt sich um die Zahl der Münzen, die ein normaler Pirat bekommt.

119 ist das Produkt der zwei Primzahlen 7 und 17. Außerdem ist 119 noch als Produkt 119 mal 1 darstellbar. Ein Teiler muss p+7

entsprechen und p muss größer als null sein. Dann sind nur zwei Lösungen möglich:

- **p + 7 = 17:** Zehn Piraten bekommen je sieben Münzen, der Chef 35 und seine rechte Hand 14.
- **p + 7 = 119:** 112 Piraten bekommen je eine Münze, der Chef fünf Münzen und seine rechte Hand zwei.

8) Das Kreuz mit dem Quadrat

Das gesuchte Teilstück hat die **Länge von 3**.

Das Problem erscheint zunächst schwieriger, als es tatsächlich ist. Denn wir kennen die Seitenlänge des Quadrats nicht und können sie auch nicht berechnen. Das ist zum Glück aber auch gar nicht nötig für die Lösung.

Wir zeichnen zwei Parallelen zu den Seiten des Quadrats ein, welche die beiden Balken des Kreuzes zusammen mit je einem Teilstück einer Quadratseite zu einem rechtwinkligen Dreieck erweitern – siehe folgende Zeichnung. Beide rechtwinkligen Dreiecke sind kongruent, das Teilstück x ist gleich lang.

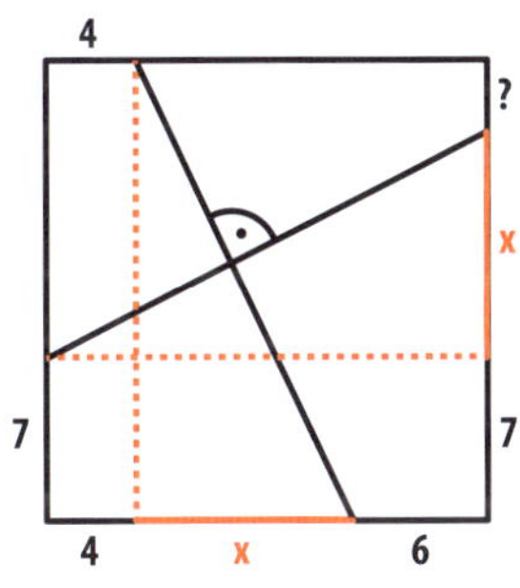

Weil die Seiten eines Quadrats gleich lang sind, müssen auch die drei Teilstücke der Seiten zusammen gleich lang sein. Also muss gelten:

$$4 + x + 6 = 7 + x + ?$$

Die gesuchte Strecke hat deshalb eine **Länge von 3**.

9) Bühne frei für Rechenkünstler

Die Lösung lautet **C** (**4.032.758.016**).

Der Trick besteht darin, zunächst nur auf die Einerstellen der fünf Zahlen zu schauen.

Die vierte Potenz einer geraden natürlichen Zahl endet immer auf die Zahl 6. Das sieht man sofort, wenn man die zu potenzierende Zahl in der Form $10a + b$ schreibt. Über die Einerstelle von $(10a + b)^4$ entscheidet allein die Einerstelle von b^4. In allen anderen Summanden tritt als Faktor die 10 auf. Denn es gilt:

$$(10a + b)^4 = 10000a^4 + 4000a^3b + 600a^2b^2 + 40ab^3 + b^4$$

Weil sowohl 2^4, 4^4, 6^4 und 8^4 auf 6 enden, gilt das auch für die vierte Potenz jeder beliebigen geraden natürlichen Zahl.

Auf gleiche Weise finden wir heraus, dass die vierte Potenz von Zahlen, die auf 1, 3, 7, 9 enden, als Einerstelle eine 1 haben muss. Endet eine Zahl auf 5, gilt das auch für ihre vierte Potenz. Endet sie auf 0, steht auch eine 0 an letzter Stelle der vierten Potenz.

Wir fassen zusammen: Die vierte Potenz einer natürlichen Zahl endet auf 0, 1, 5 oder 6. Damit fallen die Zahlen B), D) und E) schon mal heraus.
Es kommen also nur noch zwei Zahlen als Lösung infrage: A) und C).
Nun hilft eine weitere Besonderheit: Die vierte Potenz einer geraden Zahl ist stets durch 4, 8 und 16 teilbar, denn es gilt:

$$(2a)^4 = 2^4a^4 = 16a^4$$

Zahl A ist jedoch nicht einmal durch 4 teilbar. Sie endet auf 26, eine nicht durch 4 teilbare Zahl. Eine Zahl ist nur dann durch 4 teilbar, wenn ihre letzten zwei Ziffern durch 4 teilbar sind. Denn die Ziffern davor bilden ein Vielfaches von 100 und sind deshalb stets durch 4 teilbar ($100/4 = 25$).

Daher kann die Lösung nur C) lauten. Tatsächlich gilt:

$$252^4 = 4.032.758.016$$

10) Zaubern mit Primzahlen

Der Zaubertrick klappt **mit jeder Primzahl größer als** 3.

Wir bezeichnen die gewählte Primzahl mit p. Dann soll $\mathbf{p^2 - 1}$ stets durch 24 teilbar sein.

Mit der binomischen Formel $(a+b)(a-b) = a^2 - b^2$ zerlegen wir den Ausdruck in zwei Faktoren:

$$\mathbf{p^2 - 1 = (p+1) \times (p-1)}$$

Weil es keine geraden Primzahlen gibt außer der 2, muss p ungerade sein. Daraus folgt, dass $p-1$ und $p+1$ beide gerade sind, also durch 2 teilbar.

Eine der beiden Zahlen muss sogar durch 4 teilbar sein, denn jede zweite gerade Zahl ist durch 4 teilbar. In den zwei Zahlen $p-1$ und $p+1$ stecken also die Faktoren 2 und 4.

In einer der beiden Zahlen $p-1$ oder $p+1$ muss als Faktor auch die Zahl 3 enthalten sein. Warum? $p-1$, p und $p+1$ sind drei aufeinanderfolgende natürliche Zahlen. Eine von ihnen muss zwingend durch 3 teilbar sein. p kann es nicht sein, denn p ist eine Primzahl größer als 3. Und Primzahlen haben außer 1 und sich selbst keine weiteren Teiler.

Damit wissen wir, dass in $(p+1)\times(p-1)$ die Faktoren 2, 3 und 4 stecken. Das Produkt $2\times3\times4$ ist 24. Deshalb ist p^2-1 für alle Primzahlen größer 3 stets durch 24 teilbar.

11) Magische 45

Ja, es existiert eine Lösung: **8, 12, 20, 5**.

Die Aufgabe mit vier Unbekannten erscheint unhandlich. Doch mit einem simplen Kniff werden aus vier Unbekannten eine. Mit a bezeichnen wir die Zahl, die das Ergebnis der oben beschriebenen Operationen für die vier Summanden ist.

Dann können wir die Summanden selbst durch a ausdrücken:

$$a-2,\ a+2,\ a\times2,\ \frac{a}{2}.$$

Die Summe dieser vier Summanden muss 45 sein. Also schreiben wir:

$$45 = a-2 + a+2 + a \times 2 + \frac{a}{2}$$

$$45 = 4 \times a + \frac{a}{2}$$

$$90 = 9 \times a$$

$$\mathbf{a = 10}$$

Nun können wir mit $a-2$, $a+2$, $a \times 2$, $a/2$ die vier Summanden leicht berechnen – es sind 8, 12, 20, 5.

12) Die Gans bleibt ganz

Ursprünglich hatte der Händler **101 Gänse**.

Es gibt verschiedene Lösungswege. Sie alle erfordern etwas Rechnerei. Eine Variante ist die folgende: Wenn der erste Kunde die Hälfte der Gänse kauft plus eine halbe – und dies eine ganze Zahl ist, muss die Anzahl der Gänse ungerade sein.

Kunde zwei kauft von den verbliebenen Tieren ein Drittel plus eine drittel Gans. Die Zahl der verbliebenen Tiere muss beim Teilen durch 3 den Rest 2 lassen, damit auch Kunde zwei eine ganzzahlige Gänsezahl erhält. Diese Betrachtung der Reste bei allen vier Kunden führt schließlich zur Lösung.

Vielleicht etwas übersichtlicher ist es, wenn wir von hinten beginnen. Schauen wir auf den letzten Verkauf an Kunde vier: 19 muss übrig bleiben, wenn wir von der Zahl der verbliebenen Tiere x ein Fünftel der Tiere plus eine fünftel Gans abziehen.

$$19 = x - \frac{x}{5} - \frac{1}{5}$$

Das multiplizieren wir mit 5 und stellen nach x um:

$$95 = 5x - x - 1$$
$$4x = 96$$
$$x = 24$$

Weiter geht es mit Kunde Nummer drei. 24 Gänse bleiben übrig, wenn wir von der Zahl der Tiere, wir nennen diese der Einfachheit halber wieder x, ein Viertel der Tiere plus eine dreiviertel Drittel Gans abziehen.

$$24 = x - \frac{x}{4} - \frac{3}{4}$$
$$99 = 3x$$
$$x = 33$$

Kunde zwei: 33 erhalten wir, wenn wir von der Zahl der Tiere x ein Drittel der Tiere plus eine drittel Gans abziehen.

$$33 = x - \frac{x}{3} - \frac{1}{3}$$
$$100 = 2x$$
$$x = 50$$

Beim ersten Kunden gilt: 50 Gänse bleiben übrig, wenn wir von der ursprünglichen, hier gesuchten Zahl der Tiere x die Hälfte der Tiere plus eine halbe Gans abziehen.

$$50 = x - \frac{x}{2} - \frac{1}{2}$$

$$101 = x$$

13) Das verlängerte Seil

Der Abstand beträgt **12,5 Zentimeter**.

Jede der vier vom Seil gebildeten Ecken wird in Längs- und Querrichtung um denselben Betrag nach außen verschoben. Die Summe über all diese Verschiebungen muss genau einem Meter entsprechen.

Bei vier Ecken mit jeweils einer Verschiebung quer und längs zum Feld ergeben sich insgesamt acht Verschiebungen. Der Abstand beträgt deshalb 1/8 Meter, was 12,5 Zentimetern entspricht.

14) Gewinnt Dörte oder Charlie?

Dörte kann das Spiel **mit Sicherheit gewinnen**. Sie muss jeden ihrer Spielzüge dabei immer so wählen, dass die Summe der Steine, die Charlie im Zug davor genommen hat, und der Steine, die sie selbst in ihrem darauf folgenden Zug nimmt, 10 oder 20 ist.

Das ist ohne Probleme möglich, weil sich die Quadratzahlen 1 und 9 sowie 4 und 16 zu 10 beziehungsweise 20 addieren. Ergreift Charlie einen Stein, nimmt Dörte 9. Nimmt Charlie 9 Steine weg, begnügt sich Dörte mit einem. Analog ist die Situation bei 4 und 16, nur dass die Summe der zwei Züge dann nicht 10, sondern 20 ist.

Lösungen

Nach jeder Runde verringert sich die Zahl der Steine auf dem Tisch um 10 oder 20. Deshalb sind zum Ende des Spiels nur zwei Konstellationen möglich:

- Charlie ist an der Reihe, auf dem Tisch liegen noch 10 Steine.
- Charlie ist an der Reihe, auf dem Tisch liegen noch 20 Steine.

Im ersten Fall kann Charlie nur einen, 4 oder 9 Steine wegnehmen. Nimmt Charlie einen oder 9, gewinnt Dörte, weil sie dann 9 Steine beziehungsweise einen nimmt. Der Tisch ist danach leer. Entscheidet sich Charlie für 4 Steine, nimmt Dörte ebenfalls 4. Dann liegen noch zwei Steine auf dem Tisch. Charlie kann nur einen davon nehmen, Dörte bekommt den letzten und gewinnt.

Im zweiten Fall kann Charlie einen, 4, 9 oder 16 Steine wegnehmen. Entscheidet er sich für einen oder 9, nimmt Dörte 9 oder einen und die beiden landen beim Fall 1), in dem Dörte gewinnt. Dann verbleiben ja noch 10 Steine auf dem Tisch. Ergreift Charlie hingegen 4 oder 16 Steine, nimmt Dörte im nächsten Zug 16 beziehungsweise 4 und gewinnt.

15) Fahrradkauf mit Falschgeld

Es sind nicht 500, sondern nur **400 Euro**.

Das Ganze kann schnell verwirren: Der Fahrradhändler gibt dem Nachbarn 500 Euro aus seiner Kasse, der Kunde ist mit einem 350 Euro teuren Rad davongefahren plus 150 Euro Wechselgeld: Das sind zusammen 1000 Euro! Oder sind es nur 900 Euro, weil das Rad den Händler nur 250 Euro gekostet hat?

Beginnen wir mit den 500 Euro, die der Händler dem Nachbarn zurückgegeben hat. Diese zählen in der Gesamtbilanz nicht als Verlust, denn die 500 Euro hatte der Händler ja einen Tag vorher vom Nachbarn bekommen.

Der Verlust beträgt tatsächlich nur 400 Euro: Der Kunde ist mit 150 Euro Wechselgeld und einem Rad im Wert von 250 Euro (aus der Perspektive des Händlers) davongefahren. Der entgangene Gewinn von 100 Euro ist zwar ärgerlich, doch diese 100 Euro besaß der Händler vor dem Verkauf des Rades nicht – also kann er sie auch nicht verloren haben.

16) Kann die Intelligenz überall steigen?

Ja, der Mann hat recht. Die Redewendung »Unter den Blinden ist der Einäugige König« beschreibt das Phänomen treffend.

Wenn eine Person aus Stadt A wegzieht, erhöht sich der mittlere IQ, sofern der IQ dieser Person kleiner ist als der durchschnittliche IQ der Stadt.

Umgekehrt gilt: Wenn eine Person neu in die Stadt B kommt, erhöht sich dort der mittlere IQ, sofern der IQ dieser Person größer ist als der bisherige mittlere IQ in B.

Der Held des Rätsels wohnt also offenbar bisher in einer Stadt mit vielen sehr schlauen Menschen, gehört aber zur Gruppe mit unterdurchschnittlichem IQ. In seinem neuen Zuhause gilt er als Überflieger, weil sein IQ dort über dem Durchschnitt liegt.

17) Wie spät ist es?

Es sind zwei verschiedene Lösungen möglich, sofern wir mit englischen Zeitangaben rechnen. Die Uhrzeit war entweder **9.36 p.m.** – also als deutsche Angabe **21:36 Uhr**. Oder aber **7.12 a.m.**, was **7:12 Uhr** entspricht.

Wahrscheinlich kennt die Nichte die richtige Lösung, weil sie gerade aufgestanden ist (dann wäre es 7:12 Uhr) oder weil die Sonne vor Kurzem untergegangen ist (das spräche für 21:36 Uhr).

Wenn es mittags 12 Uhr ist, vergehen genau 24 Stunden bis zum nächsten Mittag um 12 Uhr. Wenn a die aktuelle Zeit in Stunden ist und a eine p.-m.-Zeitangabe ist, muss laut der Aussage der Tante folgende Gleichung gelten:

$$a = \frac{a}{4} + \frac{(24 - a)}{2}$$

Diese Gleichung lösen wir nach a auf und erhalten:

$$5a = 48$$

$$a = 9 + \frac{3}{5}$$

$$a = 9 \text{ h } 36 \text{ min}$$

Diese Angabe passt zu den Angaben der Tante. Wenn es **9.36 p.m.** ist, entspricht ein Viertel der seit Mittag vergangenen Zeit 2 h 24 min. Dazu addieren wir die Hälfte der Zeit bis zum nächsten Mittag – nämlich 7 h 12 min – und erhalten 9 h 36 min.

Falls a eine a.-m.-Zeitangabe ist, muss folgende Gleichung gelten:

$$a = \frac{(12 + a)}{4} + \frac{(12 - a)}{2}$$

$$5a = 36$$

$$a = 7 + \frac{1}{5}$$

$$a = 7\text{ h }12\text{ min}$$

Wenn es **7.12 a. m.** ist, entspricht ein Viertel der seit Mittag vergangenen Zeit genau 4 h 48 min. Dazu addieren wir die Hälfte der Zeit bis zum nächsten Mittag – also 2 h 24 min – und erhalten 7 h 12 min.

18) Wasser marsch!

Charles braucht **20 Stunden**. Ohne Pause müsste er von 8 Uhr morgens bis 4 Uhr früh am nächsten Tag arbeiten.

A, B und C sind die Wassermengen, die Agnes, Bernd und Charles pro Stunde aus dem Fluss in die Zisterne schaffen. Dann gilt:

$$(A + B) \times 4 = (A + C) \times 5$$

Außerdem gilt: $B = 2C$, denn Bernd schafft doppelt so viel Wasser wie Charles. Das setzen wir in die Gleichung oben ein und erhalten:

$$(A + 2C) \times 4 = (A + C) \times 5$$

$$3C = A$$

$(A + C) \times 5$ entspricht einer Füllung der Zisterne. Wenn wir darin $A = 3C$ einsetzen, erhalten wir einen Ausdruck, der als Unbekannte nur noch C enthält:

$$(3C + C) \times 5 = C \times 20$$

Dies bedeutet: Charles allein braucht 20 Stunden, um die Zisterne zu füllen.

19) Die legendäre Großtante

Elisabeth wurde **95 Jahre alt** und lebte vom **15.4.03** bis zum **26.7.98**.

Das Datumsformat lautet TT.M.JJ. Das Geburtsjahr sollte so klein wie möglich sein, das Sterbejahr so groß wie möglich. Also wären 01 und 98 die erste Wahl für JJ.

Doch es gibt ein Problem mit der Zahl 01 beim Geburtsjahr. Für das erste T in den beiden Tageszahlen TT kämen dann nur noch 2 und 3 infrage. Auf eine 3 müsste jedoch zwingend eine 0 oder eine 1 folgen, denn ein Monat hat maximal 31 Tage. Die 0 und die 1 sind aber schon vergeben für das Geburtsjahr, weshalb es mit 01 für JJ keine Lösung gibt.

Auch 02 kommt fürs Geburtsjahr nicht infrage, weil dann eine Tageszahl 31 lauten müsste und für die andere Tageszahl, die ebenfalls mit 1, 2 oder 3 beginnen muss, keine dieser Ziffern mehr frei wäre.

Die kleinstmögliche Kombination fürs Geburtsjahr ist deshalb 03. Die erste Ziffer des Geburtstages lautet dann 1 – und die erste des Todestages 2. Denn wir versuchen immer, beim Geburtstag die Ziffern so klein wie möglich zu wählen und beim Todestag so groß wie möglich.

Nun sind noch die Ziffern 4, 5, 6, 7 zu vergeben. Wir beginnen beim Monat, damit die Differenz größtmöglich wird. Für die Geburt nehmen wir die kleinste Ziffer, also die 4. Für den Todestag die größte Ziffer, die 7. Analog verteilen wir die letzten beiden Ziffern und erhalten:

Geburtsdatum: **15.4.03**
Todesdatum: **26.7.98**

20) Können diese Rechnungen aufgehen?

Für alle zehn Zeilen existieren Lösungen. Dabei wird auch der Operator zum Ziehen der Quadratwurzel verwendet, der üblicherweise ohne die Zahl 2 auskommt und daher den Bedingungen der Aufgabe genügt. Hier ist ein Lösungsvorschlag:

$(0! + 0! + 0!)! = 6$
$(1 + 1 + 1)! = 6$
$2 + 2 + 2 = 6$
$3 \times 3 - 3 = 6$
$\sqrt{4} + \sqrt{4} + \sqrt{4} = 6$
$5 : 5 + 5 = 6$
$6 + 6 - 6 = 6$
$7 - 7 : 7 = 6$

Lösungen

$$8 - \sqrt{\sqrt{8+8}} = 6$$

$$9 - 9 : \sqrt{9} = 6$$

Bei der 0 hilft die Funktion der Fakultät. Die Fakultät von 5 ist das Produkt $1 \times 2 \times 3 \times 4 \times 5$. Die mathematische Notation lautet $5! = 1 \times 2 \times 3 \times 4 \times 5$. Per Definition ist die Fakultät von 0 gleich 1. Im Fall der 8 wäre auch eine Lösung mit der dritten Wurzel denkbar (3 x dritte Wurzel aus 8), allerdings würde dann im Wurzelausdruck eine 3 auftauchen, was laut Aufgabe nicht erlaubt ist.

21) Potenzvergleich

Es gilt: $\mathbf{222^{333}} > \mathbf{333^{222}}$

Wir können beide Potenzen geschickt umformen und anschließend die Zahlen leicht miteinander vergleichen. Dabei nutzen wir die bekannten Potenzgesetze. Beginnen wir mit $\mathbf{333^{222}}$:

$$333^{222} = (3 \times 111)^{222}$$
$$333^{222} = 3^{222} \times 111^{222}$$
$$333^{222} = (3^2)^{111} \times 111^{222}$$
$$\mathbf{333^{222} = 9^{111} \times 111^{222}}$$

Nun zu $\mathbf{222^{333}}$:

$$222^{333} = (2 \times 111)^{333}$$
$$222^{333} = 2^{333} \times 111^{333}$$
$$222^{333} = (2^3)^{111} \times 111^{333}$$

$$222^{333} = 8^{111} \times 111^{111} \times 111^{222}$$

$$\mathbf{222^{333} = 888^{111} \times 111^{222}}$$

Nach der Umformung sind beide Potenzen als Produkt zweier Faktoren dargestellt. Bei beiden Potenzen ist der zweite Faktor 111^{222}. Welche der beiden Potenzen die größere ist, darüber entscheidet allein der erste Faktor.

Bei 222^{333} ist dies 888^{111}. Diese Zahl ist größer als 9^{111} – der Faktor bei 333^{222}. Deshalb ist 222^{333} größer als 333^{222}.

22) Wie alt ist Sophie?

Sophie war **22 Jahre** alt. Sie wurde **1876** geboren.

Man kann die Lösung durch geschicktes Probieren finden, hat dann jedoch nicht die Gewissheit, dass dies die einzig mögliche Lösung ist.

Eleganter ist der folgende Lösungsweg. Zunächst können wir feststellen, dass das Alter von Sophie nach oben begrenzt ist. Denn die Quersumme ihres Geburtsjahres kann nicht beliebig groß werden. Wenn sie im 19. Jahrhundert geboren wurde, sind 1889 und 1898 die Zahlen mit der größtmöglichen Quersumme – diese beträgt 26. Im Jahrhundert davor ist die größtmögliche Quersumme ebenfalls 26 (Jahr 1799). Vor 1700 kann Sophie nicht geboren worden sein – sie wäre ansonsten mindestens 198 Jahre alt gewesen. Also ist **26 die Obergrenze für ihr Alter**.

Um ihr konkretes Alter zu finden, schauen wir auf die Reste beim Teilen durch 9. Bekanntlich ist dieser Rest für eine Zahl genauso groß wie der Rest der Quersumme dieser Zahl beim Teilen durch 9. Die Zahl 75 beispielsweise hat den Rest 3 ($8 \times 9 + 3 = 75$), die Quersumme von 75 ist 12 und hat ebenfalls den Rest 3 ($9 + 3 = 12$).

Wir wissen, dass die Summe aus Geburtsjahr und Alter genau 1898 ergibt. Zudem entspricht das Alter von Sophie der Quersumme ihres Geburtsjahres. Also können wir folgende Gleichung aufstellen:

$$\text{Geburtsjahr} + \text{Quersumme}(\text{Geburtsjahr}) = 1898$$

Nun betrachten wir in dieser Gleichung die Reste beim Teilen durch 9. Diese müssen auf beiden Seiten gleich sein. 1898 hat den Rest 8, weil 1890 ohne Rest durch 9 teilbar ist.
Der 9er-Rest vom Geburtsjahr und der 9er-Rest der Quersumme des Geburtsjahres sind gleich groß. Weil die Quersumme des Geburtsjahres dem Alter von Sophie entspricht, können wir auch schreiben:

$$2 \times \text{Rest}(\text{Alter}) = \text{Rest}(1898) = 8$$
$$\text{Rest}(\text{Alter}) = 4$$

Damit steht fest, dass das Alter von Sophie beim Teilen durch 9 den Rest 4 hat.

Weil Sophie höchstens 26 Jahre alt sein kann, kommen als Lösung nur 4, 13 und 22 Jahre infrage. Die einzig mögliche Lösung ist dann 22 Jahre, wie wir leicht nachprüfen können.

23) Der verwirrte Kassierer

Die Bluse hat **31 Euro** und **63 Cent** gekostet.

Bei der Lösung dieses Zahlenproblems kann man sich schnell in komplizierten Berechnungen verlieren. Einen eleganten Lösungsweg hat Martin Gardner in seinem Buch »My best Mathematical and Logic Puzzles« vorgestellt. Gardner hatte die Aufgabe selbst auf relativ komplizierte Weise gelöst. Doch die Leserinnen und Leser seiner Kolumne im »Scientific American« schickten ihm eine cleverere Variante, die mit elementarer Mathematik auskommt. Der Trick dabei: Die Werte für Cent und Euro werden separat betrachtet.

Wir nehmen an, dass die Bluse **x Euro** und **y Cent** kostet. Der Kassierer gibt Steffi jedoch **y Euro** und **x Cent** aus der Kasse. Wir wissen, dass sowohl x als auch y natürliche Zahlen kleiner als 100 sein müssen.

Steffi verschenkt 5 Cent an den Jungen vorm Eisladen – hat also schließlich noch **y Euro** und **x−5 Cent**. Dies soll genau dem Doppelten des Preises der Bluse entsprechen – also **2x Euro** und **2y Cent**.

Wir schauen nun einzeln auf die Euro- und Centbeträge und müssen dabei zwei Fälle unterscheiden:

A) $y < 50$

In diesem Fall gilt:

$y = 2x$ (Eurobetrag)
$x - 5 = 2y$ (Centbetrag)

Wenn wir dieses Gleichungssystem lösen, kommen wir auf **$x=-5$**. Negative Werte sind nicht möglich, weshalb es in diesem Fall keine Lösung gibt.

B) $y \geq 50$

In diesem Fall erhöht sich beim Verdoppeln des Blusenpreises der Eurobetrag zusätzlich um 1, weil der doppelte Centbetrag größer als ein Euro ist. Wir schreiben **$y=50+z$**, wobei z eine natürliche Zahl kleiner als 50 ist. Die Bluse kostet dann **x Euro** und **50+z Cent**. Der doppelte Preis der Bluse beträgt 2x Euro und 100+2z Cent – also **2x+1 Euro** und **2z Cent**.

Steffi hat dann **50+z Euro** und **x Cent** ausgezahlt bekommen. Und schließlich zu Hause noch **50+z Euro** und **x – 5 Cent**. Nun stellen wir wie oben getrennt die Gleichungen für den Euro- und Centbetrag auf:

$50+z=2x+1$ (Eurobetrag)
$x-5=2z$ (Centbetrag)

Wenn wir dieses Gleichungssystem lösen, erhalten wir als Lösung **$x=31$** und **$z=13$**. Die Bluse hat dann **31 Euro** und $z+50=13+50=$**63 Cent** gekostet. Der Kassierer hat Steffi **63 Euro** und **31 Cent** ausgezahlt. Nachdem Steffi 5 Cent am Eisladen verschenkt hat, sind noch **63 Euro** und **26 Cent** in ihrer Geldbörse – exakt das Doppelte des Blusenwerts von 31 Euro und 63 Cent. Das ist die gesuchte Lösung!

Ganz fertig sind wir aber noch nicht! Denn es gibt noch einen weiteren Fall, den wir untersuchen müssen, um ganz sicher zu sein, dass es keine weiteren Lösungen gibt. Wenn **$x<5$** ist, verringert sich der

Eurobetrag in Steffis Börse um 1, nachdem sie 5 Cent verschenkt hat – und der Centbetrag steigt auf über 90! Wir setzen $\mathbf{x=4-a}$, wobei a ganzzahlige Werte von 0 bis 4 annehmen kann.

Die Bluse kostet dann 4–a Euro und y Cent. Steffi bekommt y Euro und 4–a Cent. Nach dem Verschenken von 5 Cent hat sie noch y – 1 Euro und 99 – a Cent. Nun schauen wir wieder auf die Euro- und Centbeträge – zunächst für den Fall $y < 50$:

$$\mathbf{y-1=8-2a}$$
$$\mathbf{99-a=2y}$$

Dies führt zu einer negativen Lösung für a, was nicht sein darf. Und auch im Fall $y \geq 50$ kommen wir auf kein Ergebnis mit natürlichen Zahlen < 100. Also gibt es nur die eine oben angegebene Lösung.

24) Mysteriöse Telefonnummern

Die drei Frauen haben folgende Telefonnummern:

- 153846
- 230769
- 307692

Wir zerlegen die sechsstelligen Telefonnummern in die vierstellige Zahl A (die ersten vier Ziffern) und die zweistellige Zahl B (die letzten zwei Ziffern).

Die Telefonnummer lautet dann $\mathbf{100 \times A + B}$.

Lösungen

Wenn wir die letzten zwei Ziffern abschneiden und links voranstellen, erhalten wir die Zahl **$10.000 \times B + A$.** Dann gilt:

$$3(100 \times A + B) = A + 10.000 \times B$$
$$299 \times A = 9997 \times B$$

Nun nutzen wir die Eigenschaft natürlicher Zahlen, dass sie in Primfaktoren zerlegt werden können. Wir zerlegen 299 und 9997 in ihre Primfaktoren und dividieren beide Seiten durch 13:

$$13 \times 23 \times A = 13 \times 769 \times B$$
$$23 \times A = 769 \times B$$

Links und rechts vom Gleichheitszeichen stehen gleich große natürliche Zahlen. Auf beiden Seiten müssen deshalb auch dieselben Primfaktoren auftauchen. Also muss die 23 in B enthalten sein und die 769 in A, denn 23 und 769 sind beides Primzahlen.

Wir wissen, dass B zweistellig ist und ein Vielfaches von 23 sein muss. Infrage kommen deshalb für B nur 23, 46, 69, 92.

$B = 23$ entfällt, weil A dann nicht vierstellig ist. Also sind 46, 69, 92 die Lösungen für B und 2×769, 3×769 und 4×769 die Lösungen für A.

25) Die unmögliche Pralinenmenge

Die gesuchte Anzahl ist **43**. Alle größeren Pralinenzahlen sind durch Kombinationen aus Vielfachen von 3, 6 und 20 darstellbar.

Meine spontane Lösungsidee war, auf die Einerstellen zu schauen. Wie kann ich aus Vielfachen von 3, 6 und 20 Zahlen erzeugen, die auf 1, 2, 3, … und so weiter enden? Diese Idee entpuppte sich leider als mühsam in der Umsetzung – und ich habe mich dabei obendrein noch verrechnet.

Es geht deutlich einfacher. Wir schauen auf die **Teilbarkeit durch 3**. Mit 6 und 9 können wir jede durch 3 teilbare Zahl ab 6 darstellen. Das geht leicht: 12 ist 2 mal 6, 15 ist 9 plus 6, 18 ist zweimal 9 oder 3-mal 6 und so weiter.

Zahlen können beim Teilen durch 3 aber auch die **Reste 1** oder **2** lassen. Für den Rest 2 nehmen wir eine 20er-Schachtel, denn es gilt: $20 = 18 + 2$ und $18 = 6 \times 3$. Kombinieren wir diese 20er-Schachtel mit 6er- und 9er-Packungen, können wir zwar keine 23, aber alle Zahlen ab 26 darstellen, die den Rest 2 lassen. Denn beim Addieren der Vielfachen von 6 und 9 zu 20 ändert sich der Dreierrest der Summe nicht, weil 6 und 9 den Rest null haben.

Was ist mit dem Rest 1? Dafür benötigen wir zwei 20er-Schachteln ($2 \times 20 = 40 = 39 + 1$). Die Zahl 43 können wir nicht darstellen, aber alle übrigen Zahlen ab 46 mit dem Rest 1 beim Teilen durch 3. Dazu müssen wir nur ausreichend 6er- und 9er-Packungen hinzunehmen. Deshalb ist 43 die gesuchte Lösung.

26) Quersummen gesucht

Die Quersumme von $a + b$ kann **14 verschiedene Werte** annehmen. Diese lassen sich mit der Formel $\mathbf{124 - 9 \times k}$ berechnen, wobei k ganzzahlig ist und es gilt: $0 \leq k \leq 13$.

Lösungen

Die Schwierigkeit der Aufgabe besteht darin, dass beim Addieren zweier Zahlen Überträge entstehen können, weshalb die Quersumme von $a+b$ kleiner sein kann als die Summe der Quersummen von a und b.

Wenn es bei der schriftlichen Addition zu einem **Übertrag** kommt, wird die Ziffernsumme zunächst um 10 verkleinert. Beispiel: 6+7 ergibt 13, wir schreiben aber darunter nicht 13, sondern nur die 3 hin, also 10 weniger als 13. Weil wir uns aber zusätzlich eine 1 merken und bei der Stelle links daneben hinzuzählen, erhöht sich die Ziffernsumme anschließend um 1. Insgesamt verringert sich deshalb die Ziffernsumme bei einem Zahlenübertrag um $10-1=9$.

Es kann einen einzigen Zahlenübertrag geben, mehrere oder auch gar keinen. Tritt beim Addieren von a und b kein Zahlenübertrag auf, hat $a+b$ die Quersumme $62+62=124$. Mit jedem Zahlenübertrag verringert sich diese Summe um 9. Bei 13 Überträgen ergibt sich eine Quersumme von $124-9\times 13=7$. Mehr als 13 Zahlenüberträge sind rechnerisch nicht möglich, weil dann die Quersumme negativ sein müsste.

Wir haben also die Formel $\mathbf{124-9\times k}$ gefunden, wobei k ganzzahlig ist und zudem gilt:

$$0\leq k\leq 13.$$

Allerdings müssen wir noch prüfen, ob es die 14 verschiedenen Fälle mit bis zu 13 Zahlenübergängen auch tatsächlich gibt.
Beginnen wir mit 13 Übergängen: Die Zahlen

$$\mathbf{a=3444444555555}$$

und

b = 35555554444445

bestehen aus je sechs Vieren (6 × 4=24), sieben Fünfen (7 × 5=35) und einer Drei (3). Die Quersumme ist in beiden Fällen 24 + 35 + 3 = 62.

Beim Addieren von a und b gibt es genau 13 Zahlenübergänge. Die Summe a + b beträgt 70000000000000 und hat die Quersumme 7. Der Fall k = 13 existiert also.

Aber auch alle Werte für k von 0 bis 12 sind möglich. Dazu konstruieren wir eine Zahl, die nur aus Fünfen und Einsen besteht. Die vordersten k Stellen sind Fünfen. Danach folgen 62 – 5 × k Einsen. Die Quersumme einer solchen Zahl ist 5 × k + 62 – 5 × k = 62. Wenn wir die so konstruierte Zahl a und b zuweisen, hat die Summe a + b genau k Übergänge, wobei k alle Werte zwischen 0 und 12 annehmen kann.

Damit haben wir bewiesen, dass alle Quersummen laut der Formel 124 – 9 × k tatsächlich möglich sind, wobei k ganzzahlig ist und es gilt: 0 ≤ k ≤ 13.

27) Gewichte optimieren

Es genügen **vier Gewichte**. Ihre Massen betragen **1, 3, 9** und **27 Kilogramm**.

Meine erste Idee war, es mit Gewichten zu versuchen, bei denen sich die Masse von Gewicht zu Gewicht verdoppelt. Beginnend bei einem Kilogramm benötigt man dann sechs Gewichte – und zwar **1, 2, 4,**

8, 16, 32 Kilogramm. Mit diesen sechs Gewichten komme ich sogar über 40 hinaus, es ist jede Zahl zwischen 1 und 63 darstellbar. Ich muss nur die passenden Gewichte auswählen und in eine Waagschale legen. Zum Beispiel 1, 2 und 8 für 11 Kilogramm.

Aber das ist noch nicht die gesuchte Lösung. Denn die Gewichte müssen ja nicht zwingend in nur einer Schale liegen, es können auch beide genutzt werden. Dadurch ist es möglich, von einem größeren Gewicht ein kleineres abzuziehen. Somit addieren und subtrahieren wir und kommen mit insgesamt weniger Gewichten aus.

Statt Zweierpotenzen nutzen wir Dreierpotenzen. Und zwar **1, 3, 9** und **27 Kilogramm**. Mit 1, 3 und 9 Kilogramm ist jede ganzzahlige Masse von 1 bis 13 Kilogramm darstellbar, wie folgende Tabelle zeigt:

Gewicht	**Verteilung**
1	1
2	3–1
3	3
4	3+1
5	9–3–1
6	9–3
7	9+1–3
8	9–1
9	9
10	9+1
11	9+3–1
12	9+3
13	9+3+1

Wenn wir mit 1, 3 und 9 jede Zahl zwischen 1 und 13 darstellen können, gelingt das mit 1, 3, 9 und 27 auch für alle Zahlen von 1 bis 40. Wie geht das?

Erst subtrahieren wir von 27 jede Zahl von 1 bis 13 und erhalten so alle Zahlen von 14 bis 26. Dann addieren wir zu 27 jede Zahl von 1 bis 13, sodass wir bis zur 40 kommen.

Wir wissen nun, dass es mit vier Gewichten klappt. Aber ist das wirklich die kleinstmögliche Anzahl? Reichen womöglich auch drei Gewichte?

Für jedes der drei Gewichte haben wir drei Möglichkeiten: Entweder legen wir es in die rechte Waagschale, in die linke Waagschale oder in keine von beiden. Es gibt somit $3^3 = 27$ verschiedene Verteilungen. Davon müssen wir eine Verteilung abziehen. Und zwar die, bei der keines der drei Gewichte in einer Schale liegt. Die dann noch 26 Möglichkeiten teilen wir anschließend durch 2, weil zwei Verteilungen, bei denen linke und rechte Waagschale vertauscht sind, sich nicht unterscheiden. Deshalb sind mit drei Gewichten höchstens 13 verschiedene Massen darstellbar.

Vier Gewichte sind also tatsächlich die kleinstmögliche Anzahl. Mehr als 40 verschiedene Zahlen lassen sich damit übrigens nicht darstellen, denn laut obiger Formel gilt für die Zahl der Verteilungen:

$$\frac{3^4 - 1}{2} = \frac{81 - 1}{2} = 40$$

Lösungen

28) Kurioses Zahlenspiel

Die Beute besteht aus **282 Münzen**.

Um uns nicht mit einer Vielzahl von Unbekannten zu verzetteln, rechnen wir nur mit zwei:

- **s** ist die **Gesamtzahl** der Münzen.
- **x** ist die Zahl der Münzen, die jeder Räuber **bei der zweiten Aufteilung aus der Mitte erhält,** nachdem jeder die Hälfte, ein Drittel oder ein Sechstel zurückgelegt hat.

Weil die Räuber nach dem Erhalt der x Münzen genau s/2, s/3 beziehungsweise s/6 Münzen haben, hatten sie davor s/2 – x, s/3 – x und s/6 – x Münzen.

Vom großen Münzberg genommen haben sich die drei Räuber dann ursprünglich folgende Anzahl:

$$2 \times \left(\frac{s}{2} - x\right)$$

$$\frac{3}{2} \times \left(\frac{s}{3} - x\right)$$

$$\frac{6}{5} \times \left(\frac{s}{6} - x\right)$$

Warum? Die drei haben die Hälfte, ein Drittel beziehungsweise ein Sechstel ihrer genommenen Münzen wieder zurück in die Mitte gelegt, um auf s/2 – x, s/3 – x respektive s/6 – x Münzen zu kommen.
Die Summe der vom großen Münzberg genommenen Münzen muss s entsprechen, denn die Räuber haben so lange Münzen weggenommen, bis keine mehr da war. Also gilt:

$$2 \times \left(\frac{s}{2} - x\right) + \frac{3}{2} \times \left(\frac{s}{3} - x\right) + \frac{6}{5} \times \left(\frac{s}{6} - x\right) = s$$

Wir multiplizieren die Gleichung mit 10 und bringen s auf die eine und x auf die andere Seite:

$$\mathbf{7s = 47x}$$

Wir wissen, das s und x ganzzahlig sein müssen. Zudem muss s, die Gesamtzahl der Münzen, durch 6 teilbar sein, damit die ursprüngliche Aufteilung (1/2, 1/3, 1/6) möglich ist.

Das ist noch nicht alles. Auf der rechten Seite steht der Faktor 47. 47 ist eine Primzahl und muss deshalb als Faktor auch auf der linken Seite auftauchen. s muss also durch 47 und durch 6 teilbar sein. Daher gilt:

$$\mathbf{s = 47 \times 6 \times d}$$

Wobei d eine ganze Zahl größer gleich 1 ist. Für d=1 erhalten wir **s=282**. Für d=2 wird s größer als 500, was laut Aufgabe nicht erlaubt ist. Also ist 282 die gesuchte Lösung. Für x erhalten wir:

$$\mathbf{x = 7 \times 6 \times d = 42}$$

Bei der zweiten Aufteilung haben sich die Räuber 198, 78 beziehungsweise 6 Münzen genommen. Davon haben sie 99, 26 oder 1 Münze wieder in die Mitte gelegt. Von diesen insgesamt 126 Münzen hat dann jeder ein Drittel bekommen, also 42. Und ist dann wieder auf die Zahlen 141, 94 und 47 gekommen, was genau der Hälfte, einem Drittel und einem Sechstel von 282 entspricht.

29) Ist Dieter der Dieb?

Dieter wurde freigesprochen, denn er ist **nicht der Dieb**.

Die erste Frage, ob er jemals nach Verschwinden der Uhr behauptet habe, er sei nicht der Dieb, beantwortet Dieter mit »Ja«. Folgende Tabelle zeigt die verschiedenen Antwortmöglichkeiten von Dieter, je nachdem, ob er lügt, die Wahrheit sagt, der Dieb ist oder nicht.

»Haben Sie jemals behauptet, Sie seien NICHT der Dieb?«

Dieter	**ist Dieb**	**ist kein Dieb**
sagt Wahrheit	Nein	Ja oder Nein
ist Lügner	Ja oder Nein	Ja

Kurze Erklärung: Wenn Dieter der Dieb ist und stets die Wahrheit sagt, kann er die Frage nur mit »Nein« beantworten. Ist er nicht der Dieb und sagt stets die Wahrheit, sind die Antworten »Ja« oder »Nein« möglich, je nachdem, ob er jemals behauptet hat, er sei nicht der Dieb, oder ob er diese Behauptung nicht gemacht hat.

Analog ergeben sich auch für einen lügenden Dieter die Antwortoptionen »Ja« oder »Nein«, falls er der Dieb ist, und »Ja«, falls er nicht der Dieb ist.

Zur zweiten Frage, deren Antwort wir nicht kennen, die für den Richter aber ausgereicht hat, sein Urteil zu fällen. Folgende Antworten sind möglich:

»Haben Sie jemals behauptet, Sie seien der Dieb?«

Dieter	ist Dieb	ist kein Dieb
sagt Wahrheit	Ja oder Nein	Nein
ist Lügner	Ja	Ja oder Nein

Wir wissen, dass Dieter die erste Frage mit »Ja« beantwortet hat. Die Option Dieb + Wahrheit entfällt damit. Dieter kann die zweite Frage trotzdem mit »Ja« oder »Nein« beantwortet haben, wie die Tabelle zeigt. Seine Antwort muss dem Richter aber verraten haben, ob er der Dieb ist oder nicht.

Hätte Dieter mit »Ja« geantwortet, wüsste der Richter, dass er es mit einem Lügner zu tun hat. Er wüsste jedoch nicht, ob Dieter der Dieb ist oder nicht. Als Dieb hätte Dieter »Ja« geantwortet, als Nicht-Dieb wäre »Ja« ebenfalls eine mögliche Antwort neben »Nein«. Daher kann die Antwort nicht »Ja« gewesen sein, weil diese Antwort für ein wasserdichtes Urteil nicht ausreicht.

Was ist mit der Antwort »Nein«? Dieter kann sie geben als die Wahrheit sagender Nicht-Dieb und als lügender Nicht-Dieb – nicht jedoch als lügender Dieb. (Die Option, dass Dieter ein die Wahrheit sagender Dieb ist, ist durch die Antwort »Ja« auf die erste Frage ausgeschlossen.)

Aus alldem folgt: Dieter ist nicht der gesuchte Dieb. Wie er es mit der Wahrheit hält, wissen wir jedoch nicht.

30) Drei Lügen und eine Wahrheit

Frau **Meier** ist **Mathematikerin**, Frau **Meyer Maskenbildnerin** und Frau **Mayer** arbeitet als **Mediengestalterin**.

Ein direkter Weg zur Lösung führt über zwei Aussagen, die einander widersprechen. Von diesen muss dann eine wahr sein und eine falsch. Ansonsten besteht ein nicht auflösbarer Widerspruch.

Schauen wir auf die vier Aussagen, von denen nur eine wahr ist:

- Frau Meier ist nicht die Mathematikerin.
- Frau Meyer ist nicht die Maskenbildnerin.
- Frau Meier ist die Maskenbildnerin.
- Frau Meyer ist nicht die Mathematikerin.

Die Aussagen 2 und 4 können nicht beide zugleich falsch sein, weil Frau Meyer dann Maskenbildnerin und Mathematikerin wäre. Also ist entweder 2 oder 4 wahr. Und 1 und 3 sind auf jeden Fall falsch.

Weil 1 falsch ist, ist Frau **Meier** die **Mathematikerin**. Und weil 3 falsch ist, kann Frau Meier zugleich nicht die Maskenbildnerin sein. Was kein Widerspruch ist, denn sie ist ja die Mathematikerin.

Wir müssen nun noch herausfinden, ob 2 oder 4 die einzige wahre Aussage ist. Das ist einfach, denn Aussage 4 stimmt auf jeden Fall, weil wir ja wissen, dass Frau Meier die Mathematikerin ist und nicht Frau Meyer. Aussage 2 ist deshalb falsch, woraus folgt, dass Frau **Meyer Maskenbildnerin** ist.

Über Frau **Mayer** gibt es keine Aussagen. Für sie bleibt als Beruf aber die **Mediengestalterin** übrig. Damit ist die einzig mögliche Zuordnung gefunden:

Frau Meier: Mathematikerin,
Frau Meyer: Maskenbildnerin,
Frau Mayer: Mediengestalterin.

31) Wie geht die Zahlenfolge weiter?

Die 15. Zahl der Folge ist eine **7**.

1, 1, 2, 3, 5, 8, 4, 3, 7, 1, 8, 9, 8, 8, 7, ...

Die Folge beginnt wie die berühmte Fibonacci-Folge: Jede Zahl ist die Summe der beiden Vorgänger. Allerdings ist bei der siebenten Zahl Schluss: Da steht eine 4. Wäre es eine Fibonacci-Folge, stünde dort eine 13 (=5+8) und keine 4.

Doch es gibt einen Zusammenhang zwischen der 13 und der 4: Die 4 ist die Quersumme der 13. Und das ist auch die gesuchte Lösung. Die nächste Zahl in der Folge ist immer die Quersumme der Zahl, die man erhält, wenn man die beiden letzten Zahlen addiert. Solange die Summe einstellig ist, sind Summe und Quersumme identisch und die Folge ist identisch mit der von Fibonacci.

32) Strenge Logik im Kaninchenstall

Aussage 5) ist die einzige, die stimmt (»Charlotte hat weniger als 50 Kaninchen«). Alle anderen Aussagen sind falsch.

Hier noch einmal die fünf Aussagen:

- Charlotte hat mehr als 30 Kaninchen.
- Alle ihre Kaninchen sind gescheckt.
- Keines der Kaninchen ist einfarbig weiß.
- Es sind mehr als 40 Kaninchen.
- Charlotte hat weniger als 50 Kaninchen.

Wäre 5) falsch, hätte Charlotte mindestens 50 Kaninchen. Dann wären aber zugleich 1) (mehr als 30 Tiere) und 4) (mehr als 40) wahr. Das ist jedoch ausgeschlossen, weil von den fünf Aussagen nur eine wahr ist. Deshalb kann nur 5) die wahre Aussage sein – und die vier anderen Aussagen müssen falsch sein.

Das ist tatsächlich möglich: Wenn 1) und 2) falsch sind, hat Charlotte maximal 30 Kaninchen, die nicht sämtlich gescheckt sind. Wir wissen zudem, dass darunter mindestens eines einfarbig weiß sein muss, weil auch 3) falsch ist. Aussage 4) ist ebenfalls falsch, denn Charlotte besitzt ja höchstens 30 Tiere, weil 1) falsch ist.

33) Im Land der Lügner und Wahrheitsfanatiker

Jasmin ist eine **Lügnerin** und **Jesper** ein **Verfechter der Wahrheit**.

Jasmin kann keine Freundin der Wahrheit sein. Ansonsten wäre ihre Aussage

»Ich glaube, dass wir beide notorische Lügner sind«

ja eine Lüge. Also ist sie eine Lügnerin.

Wenn Jasmin stets lügt, muss ihre Aussage natürlich auch eine Lüge sein. Jesper und Jasmin können also nicht beide zugleich notorische Lügner sein. Deshalb sagt Jesper stets die Wahrheit.

34) Bizarre Arithmetik

Die Lösung lautet **DAS = 24**.

US = 40
BUS = 42
BAR = 21
DAS = 24

Die Zahl wird berechnet aus den Positionen der einzelnen Buchstaben eines Wortes im Alphabet. Beispiel US: U steht an Position 21 im Alphabet, S an Position 19. US ist deshalb die Zahl 21+19=40 zugeordnet.

Für **DAS** erhalten wir: **4+1+19=24**.

35) Der verschwundene Spielstein

Marvin hat den Stein mit der **Nummer 9** verloren.

Die Summe der Zahlen auf den neun verbliebenen Steinen muss durch 3 teilbar sein. Sonst ließen sie sich nicht in drei Gruppen mit jeweils gleicher Summe aufteilen.

Genauso gilt: Die Summe der Zahlen auf den neun Steinen muss durch 4 teilbar sein. Beides hilft uns beim Finden der Lösung.

Beginnen wir mit der 3: Die Summe der Zahlen auf allen zehn Spielsteinen beträgt 45. Diese Zahl ist durch 3 teilbar. Weil die Summe auch durch 3 teilbar ist, wenn ein Stein fehlt, muss der fehlende Stein eine durch 3 teilbare Nummer haben. Also muss es sich um einen der Steine 0, 3, 6, 9 handeln.

Zur 4: Wenn einer der Steine 0, 3 oder 6 fehlt, ist die Summe über alle übrigen Nummern nicht durch 4 teilbar. Fehlt der Stein mit der Nummer 9, klappt die Division durch 4.

Falls es eine Lösung gibt, kann deshalb nur der Stein mit der Nummer 9 der fehlende sein.

Wir müssen allerdings noch prüfen, ob eine Aufteilung der neun Steine in drei und vier Gruppen tatsächlich gelingt. Diese klappt tatsächlich in beiden Fällen, wie folgende Aufteilungen zeigen:

Drei Gruppen mit der Summe von je 12:

(0, 4, 8), (1, 5, 6), (2, 3, 7)

Vier Gruppen mit der Summe von je 9:

(0, 1, 8), (2, 7), (3, 6), (4, 5)

36) Welche Zahl folgt als nächste?

Die nächste Zahl in der Folge lautet **212.223**. Die unterste Zahl ist 21.322.314.

Hier noch einmal ein Blick auf die Zahlenfolge:

1
11
21
1112
3112
211213
312213
?

Jede Zahl gibt an, wie oft in der Zahl davor die einzelnen Ziffern dieser Zahl auftauchen. Beginnen wir mit der ersten Zahl in der Folge – der 1. Wir schreiben vor jede Ziffer beginnend mit der 1 ihre Anzahl – in diesem Falle also 1 × 1. Die Ziffern dieser Darstellung bilden die Ziffern der nächsten Zahl in der Folge. Deshalb steht an zweiter Stelle die 11.

Die 11 besteht aus zweimal der Ziffer 1, also 2 × 1. Also ist die nächste Zahl die 21. In der 21 gibt es eine 1 und eine 2, also 1 × 1 und 1 × 2. Deshalb steht als vierte Zahl in der Folge die 1112. Folgende Tabelle zeigt die ersten 14 Zahlen der Folge:

Zahl	**Ziffern**	**Nachfolger**
1	1×1	11
11	2×1	21
21	1×1 1×2	1112
1112	3×1 1×2	3112
3112	2×1 1×2 1×3	211.213
211.213	3×1 2×2 1×3	312.213
312.213	2×1 2×2 2×3	212.223
212.223	1×1 4×2 1×3	114.213
114.213	3×1 1×2 1×3 1×4	31.121.314

31.121.314	4×1 1×2 2×3 1×4	41.122.314
41.122.314	3×1 2×2 1×3 2×4	31.221.324
31.221.324	2×1 3×2 2×3 1×4	21.322.314
21.322.314	2×1 3×2 2×3 1×4	21.322.314
21.322.314	**2×1 3×2 2×3 1×4**	**21.322.314**

Wir kennen nun auch die hundertste Zahl, weil die Folge sich ab dem 14. Glied nicht mehr ändert. Aus der Zahl 21.322.314 erhalten wir nach der beschriebenen Regel wieder die Zahl 21.322.314.

37) Mit Logik in die Freiheit

Die Mütze des ganz vorn stehenden Diebes ist **schwarz**.

Der ganz hinten stehende Dieb sieht die Mützen seiner beiden Kollegen. Wären beide weiß, wüsste er, dass seine Mütze schwarz sein muss, denn es gibt nur zwei weiße Mützen. Der Mann ganz hinten sagt jedoch, dass er die Farbe seiner Mütze nicht kenne. Also muss mindestens eine der beiden Mützen, die er sieht, schwarz sein.

Auch der Dieb in der Mitte sagt, er kenne die Farbe seiner Mütze nicht. Daraus folgt, dass er bei seinem Vordermann eine schwarze Mütze sieht. Wäre die Mütze des Vordermanns weiß, wüsste der Dieb in der Mitte nämlich, dass seine Mütze schwarz sein muss. Denn der Dieb ganz hinten hat ja mindestens eine schwarze Mütze gesehen.

All diese Überlegungen macht auch der Mann, der ganz vorn steht. Er kann aus den Aussagen der beiden hinter ihm stehenden Kollegen folgern, dass er eine schwarze Mütze aufhat.

38) Namensverwirrung zwischen Erfurt und Weimar

Die Schaffnerin heißt **Nina**.

Zur besseren Übersicht hier ein Blick auf die Verteilung der Frauen über die drei Wohnorte:

Erfurt: Anwältin Anna + Ingenieurin
Dazwischen: Anwältin Nina + Schaffnerin
Weimar: Anwältin Matilda + Lokführerin

Aus dem letzten Satz (Eisenbahnerin Nina ist fünf Zentimeter größer als die Lokführerin) folgt, dass die Lokführerin nicht Nina, sondern Anna oder Matilda heißt. Wir können die Übersicht ergänzen:

Erfurt: Anwältin Anna + Ingenieurin
Dazwischen: Anwältin Nina + Schaffnerin
Weimar: Anwältin Matilda + Lokführerin Anna oder Matilda

Weiter im Text: Die Schaffnerin verdient genau ein Drittel der ihr am nächsten wohnenden Anwältin. Dies ist Nina, denn die Schaffnerin wohnt zusammen mit Nina zwischen Erfurt und Weimar.

Wir wissen außerdem, dass die Namensvetterin der Ingenieurin 50.000 Euro pro Jahr verdient. Diese Zahl ist nicht exakt durch drei teilbar (die Schaffnerin verdient genau ein Drittel der ihr am nächsten wohnenden Anwältin). Deshalb kann Nina nicht die Namensvetterin der Ingenieurin sein. Die Ingenieurin kann also nur Anna oder Matilda heißen. Damit ergibt sich folgende Konstellation:

Erfurt: Anwältin Anna + Ingenieurin Anna oder Matilda

Dazwischen: Anwältin Nina + Schaffnerin
Weimar: Anwältin Matilda + Lokführerin Anna oder Matilda

Für die **Schaffnerin** bleibt nur der Name **Nina** übrig.

39) Der Halbkreis im Viertelkreis

Der Halbkreis hat eine Fläche von **Pi/6**.

Der Kniff, der uns direkt zur Lösung führt, ist ein rechtwinkliges Dreieck. Seine Eckpunkte sind die Mittelpunkte des Halbkreises und des Viertelkreises sowie der Punkt, an dem der Halbkreis den Viertelkreis rechts berührt. In der folgenden Skizze ist dieses rechtwinklige Dreieck orangefarben gezeichnet.

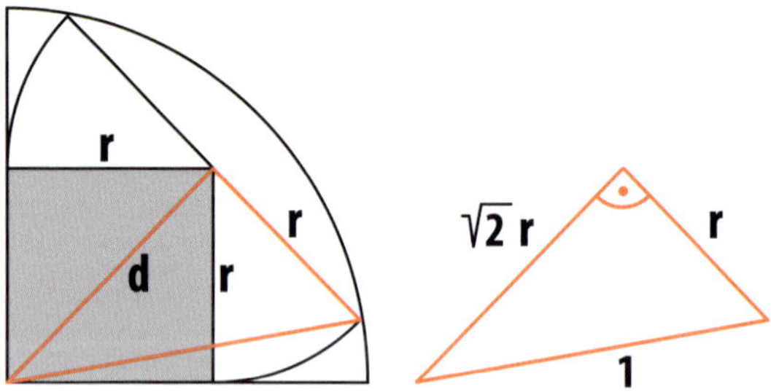

Wir bezeichnen den Radius des Halbkreises mit **r**. Die kurze Kathete des orangefarbenen Dreiecks hat die Länge r. Seine Hypotenuse entspricht dem Radius des Viertelkreises und hat deshalb die Länge 1.

Fehlt noch die Länge der längeren Kathete, die wir leicht berechnen können. Sie entspricht der Diagonale **d** eines Quadrats mit der Seitenlänge r und hat die Länge $\sqrt{2}$ mal r. Das ergibt sich aus dem Satz des Pythagoras: $d^2 = r^2 + r^2 = 2r^2$.

Wir kennen damit zwar r noch nicht, aber hier hilft uns der Satz des Pythagoras zum zweiten Mal weiter. Für das orangefarbene, rechtwinklige Dreieck gilt:

$$1^2 = (\sqrt{2}r)^2 + r^2$$

$$1 = 2r^2 + r^2$$

$$1 = 3r^2$$

$$r = \frac{1}{\sqrt{3}}$$

Die Fläche des Halbkreises mit dem Radius r beträgt $Pi \times r^2/2$. Mit $r = 1/\sqrt{3}$ ergibt sich die Größe von Pi/6.

40) Auf Lücke gebaut

Die schwarze Strecke hat die **Länge 8**.

Folgende Skizze zeigt eine äußerst elegante Lösung der Aufgabe. Die Idee dabei ist, dass die unten entstehende Lücke vollständig durch Dreiecke ausgefüllt wird, von denen jeweils eine Seitenlänge bekannt ist. Dadurch können wir die Länge der gesuchten Strecke leicht ausrechnen.

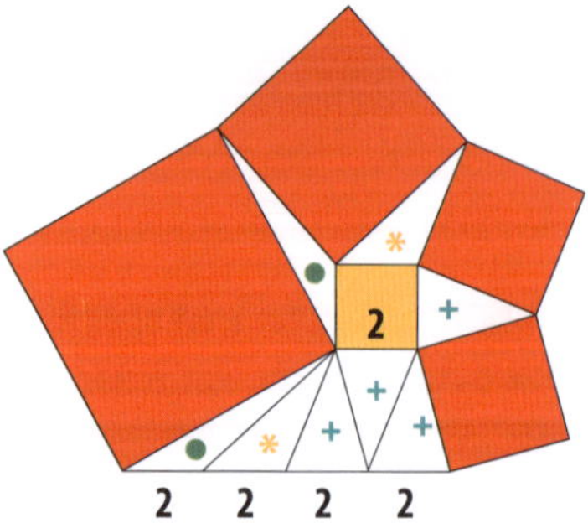

Die Lücken zwischen den Quadraten, die sich an Eckpunkten berühren, sind drei unterschiedliche Dreiecke. Sie sind in der Skizze zur besseren Unterscheidung mit Symbolen gekennzeichnet. Die kürzeste Seite jedes dieser drei Dreiecke hat die Länge 2.

Es ist leicht zu zeigen, dass die viereckige Lücke unten aus fünf Dreiecken zusammengesetzt ist: je einmal das Dreieck mit dem grünen Punkt und dem gelben Stern in der Mitte und dreimal das mit einem blauen Kreuz gekennzeichnete Dreieck. Dazu müssen wir nur die Winkel und Seitenlängen genau analysieren.

Der Trick besteht darin, die drei Dreiecke, welche die drei Lücken zwischen dem gelben und den roten Quadraten bilden, zu einem größeren Dreieck zusammenzuklappen. Wir drehen beispielsweise das Dreieck mit dem grünen Punkt um den linken oberen Eckpunkt des gelben Quadrats um 90 Grad nach rechts. Es passt dann genau von links an das Dreieck mit dem gelben Stern oben. Danach drehen wir das Dreieck mit dem blauen Kreuz rechts vom gelben Quadrat um 90 Grad nach links. Die drei Dreiecke bilden dann ein neues, größeres Dreieck, dessen untere Seite die Länge 6 hat.

Dieses Dreieck ist auch Teil des Lücken-Vierecks unten, dessen untere Seite wir berechnen wollen. Fügt man das Dreieck mit dem blauen Kreuz noch zweimal hinzu, ist die Lücke vollständig gefüllt. Wir sehen sofort, dass die gesuchte Strecke viermal so lang ist wie die Seitenlänge des gelben Quadrats.

41) Geheimer Zugangscode

Das Codewort lautet TAHITI. Es wird sichtbar, wenn Sie das Buch fast um 90 Grad nach hinten kippen und dann aus einem sehr spitzen Winkel von unten betrachten. Am besten schließen Sie dabei ein Auge.

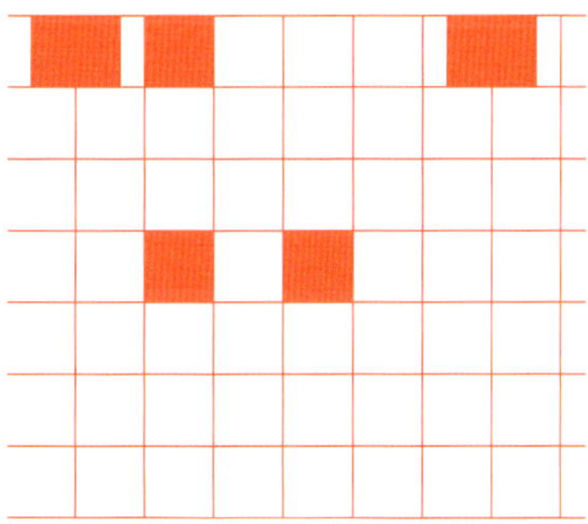

Die dünnen waagerechten Linien sind dann praktisch nicht mehr zu sehen. Dafür schrumpfen die kleinen Rechtecke und Quadrate zu waagerechten Linien. Senkrechte Linien hingegen bleiben auch aus spitzem Winkel sichtbar, sie erscheinen dann nur deutlich kürzer.

42) Winkelsumme gesucht

Die Summe der zwei grünen Winkel beträgt **60 Grad**.

Wir erweitern die beiden Dreiecke zu einem großen gleichseitigen Dreieck, dessen Seiten so lang sind wie die Summe der Seitenlängen a und b der beiden gegebenen Dreiecke. Zusätzlich verbinden wir den neu entstandenen oberen Eckpunkt mit dem Punkt, an den die beiden ursprünglich gegebenen Dreiecke einander berühren – siehe folgende Zeichnung.

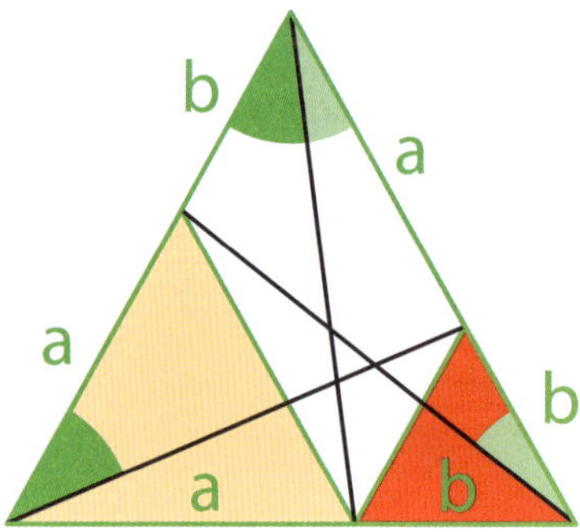

Nun können wir leicht zeigen, dass die beiden Winkel am oberen Eckpunkt des neuen, großen gleichseitigen Dreiecks genauso groß sind wie die beiden gegebenen grünen Winkel. Warum?

Wir schauen zunächst nur auf die beiden hellgrün markierten Winkel unten rechts und oben rechts. Die beiden Dreiecke mit dem spitzen hellgrünen Winkel und der gegenüberliegenden Seite b haben als Seitenlängen b und a + b. Der Winkel zwischen diesen beiden Seiten beträgt 60 Grad. Beide Dreiecke sind deshalb kongruent, daher müssen auch die beiden hellgrün markierten Winkel gleich groß sein. Analog gilt, dass die beiden dunkelgrün markierten Winkel gleich groß sind.

Weil der dunkelgrüne und der hellgrüne Winkel zusammen den oberen Innenwinkel des großen gleichseitigen Dreiecks bilden, ist ihre Summe 60 Grad groß.

43) Erben im Viereck

Auch wenn man es zunächst kaum glaubt, eine Aufteilung in Vierecke klappt tatsächlich, wie folgende Skizze zeigt:

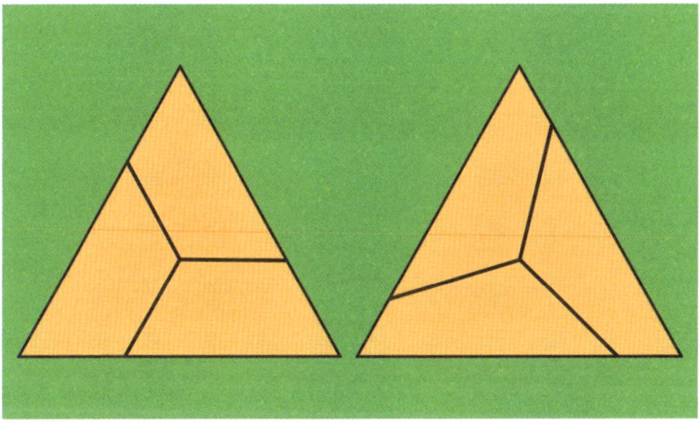

Das Viereck muss nicht einmal zwingend ein Trapez sein. Es kann auch vergleichsweise unregelmäßig geformt sein wie bei der Lösung rechts. Einzige Bedingung ist, dass der gemeinsame Eckpunkt aller drei Vierecke wie bei der Lösung links mit dem Mittelpunkt des Dreiecks zusammenfällt. Und dass zwei benachbarte, vom Mittelpunkt zu den Dreiecksrändern laufenden Seiten der Vierecke einen Winkel von 120 Grad bilden.

44) Passt ein Würfel durch sich selbst?

Ein Würfel passt tatsächlich durch sich selbst. Die naheliegendste Lösung ist die folgende: Sie nehmen zwei räumlich diagonal gegenüberliegende Eckpunkte des Würfels zwischen Daumen und Zeigefinger. Anschließend drehen Sie den Würfel zwischen den beiden Fingern so, dass eine Ecke genau nach vorn auf Sie zeigt und die diagonal gegenüberliegende Ecke nach hinten.

Im letzten Schritt neigen Sie die durch Daumen und Zeigefinger verlaufende diagonale Achse so, dass die beiden Ecken vorn und hinten genau übereinanderliegen. Der Würfel, dessen Kantenlänge 1 beträgt, hat aus dieser Perspektive die Silhouette eines regelmäßigen Sechsecks – siehe folgende Zeichnung. Wir können leicht ausrechnen, dass die Kantenlänge des Sechsecks $\sqrt{2}$ geteilt durch $\sqrt{3}$ beträgt.

Hinweis für alle, die selbst rechnen wollen: Die Diagonale zwischen Daumen und Zeigefinger verläuft nicht parallel zur Abbildungsebene, sonst lägen die Eckpunkte vorn und hinten nicht genau übereinander.

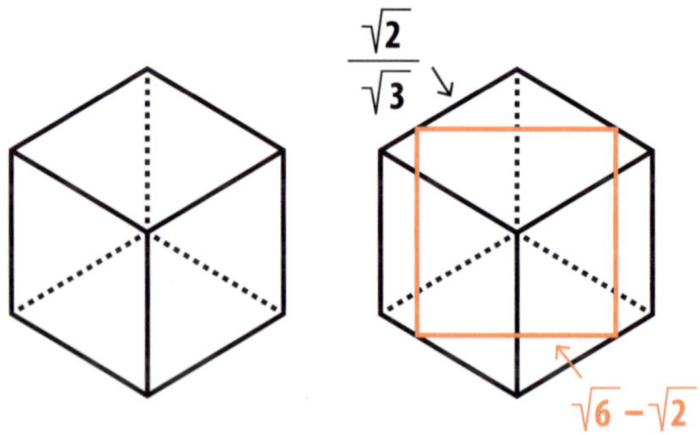

Die aus dieser Perspektive sichtbare Kantenlänge ist kleiner als 1, weil die Kanten geneigt sind. Wir können nun relativ leicht ausrechnen (Satz des Pythagoras genügt), wie groß ein Quadrat maximal sein darf, damit es in das Sechseck hineinpasst. Die Kantenlänge beträgt $\sqrt{6}$ minus $\sqrt{2}$, was etwa 1,035… entspricht. Die Kantenlänge ist größer als 1 (wenn auch nur knapp) – deshalb passt ein Würfel mit der Kantenlänge 1 durch das Loch hindurch.

Wenn wir den Neigungswinkel des Würfels, den wir zwischen Daumen und Zeigefinger halten, noch etwas ändern, finden wir sogar eine noch bessere Lösung. Die quadratische Öffnung hat dann eine Kantenlänge von $3/4$ mal $\sqrt{2}$, was etwa 1,06… entspricht.

Der Würfel, durch den ein größerer Würfel passt, wird Prinz-Rupert-Würfel genannt. Das geometrische Problem geht auf Ruprecht von der Pfalz zurück, einen Prinzen aus dem Hause der Wittelsbacher mit großem Interesse an Kunst und Wissenschaft. Der englische Mathematiker John Wallis stellte Ende des 17. Jahrhunderts die oben beschriebene Lösung mit der Kantenlänge 1,035… vor. Rund hundert Jahre später fand der holländische Mathematiker Pieter Nieuwland die Lösung mit der Kantenlänge 1,06…

45) Verliebte Käfer

Jeder der Käfer legt die Strecke von **einem Meter** zurück. Dies entspricht der Kantenlänge des Quadrats.

Zu jedem Zeitpunkt bilden die vier Käfer die Ecken eines Quadrats, das immer kleiner wird und sich zudem im Uhrzeigersinn dreht. Der Nachbarkäfer, auf den ein Käfer zuläuft, bewegt sich daher immer senkrecht zur Laufrichtung des Käfers, der ihm hinterherläuft.

Das bedeutet: Der Nachbarkäfer kommt durch seine Bewegung dem Käfer weder näher, noch vergrößert er seinen Abstand. Der ihm folgende Käfer verkürzt seinen Abstand jedoch permanent.

Deshalb legt jeder Käfer genau die Strecke zurück, die der ursprünglichen Entfernung zum Nachbarkäfer entspricht. Die Länge der Spirale ist daher genauso lang wie die Kantenlänge des ursprünglichen Quadrats. Die permanente Anpassung der Richtung verlängert den Weg nicht, denn dahinter steht eine Drehung und keine geradlinige Bewegung. Beim Weg der Käfer handelt es sich um eine sogenannte logarithmische Spirale.

46) Perfekt arrangiert

Der gelbe Halbkreis hat eine **Fläche von Pi**.

Der blaue Halbkreis hat einen Radius von 2, der orangefarbene Halbkreis einen Radius von 1. (Ein Halbkreis hat eine Fläche von Pi $\times r^2/2$, wenn r der Radius ist.)

Wir verbinden die Mittelpunkte der beiden unteren Halbkreise mit den Punkten, an denen der gelbe Halbkreis sie berührt – siehe Skizze.

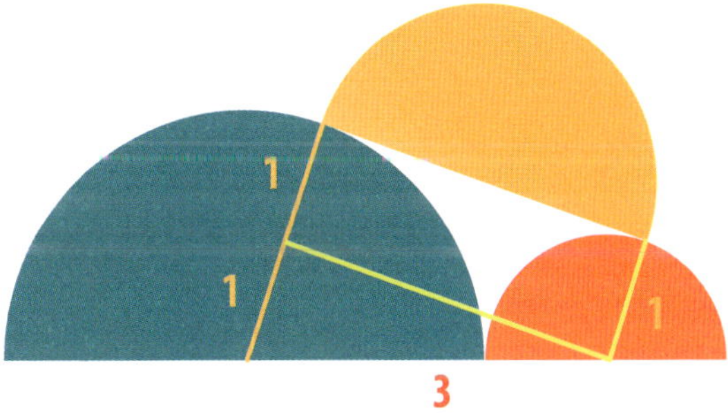

Diese Verbindungen stehen senkrecht auf der geraden Außenkante des gelben Halbkreises, die seinem Durchmesser entspricht. Deshalb sind beide Verbindungen zueinander parallel.

Wenn wir den Mittelpunkt der linken Verbindung mit dem Mittelpunkt des orangefarbenen Halbkreises verbinden, erhalten wir ein rechtwinkliges Dreieck.

Von diesem Dreieck kennen wir zwei Seiten. Die linke Kathete hat die Länge 1, die Hypotenuse hat die Länge 3. Die zweite Kathete entspricht dem Durchmesser des gelben Halbkreises, dessen Größe gesucht ist.

Mit dem Satz des Pythagoras können wir den Durchmesser leicht berechnen – er beträgt $\sqrt{9-1} = \sqrt{8}$. Der Radius ist dann $\sqrt{8}/2$. Die Fläche des gelben Halbkreises ist daher $\text{Pi} \times 8/4 \times 1/2 = \text{Pi}$.

47) Der optimale Schusswinkel

In **33,80 Meter Entfernung** von der **Torauslinie** erscheint das Tor unter dem größtmöglichen Winkel.

Bei der Lösung hilft uns der **Zentriwinkelsatz** – auch Kreiswinkelsatz genannt. Der Spieler und die beiden Torpfosten bilden ein Dreieck, um das wir einen Umkreis zeichnen. In der Zeichnung unten sind das Tor und die Seitenauslinie als dunkle Linien hervorgehoben.

Der Winkel, unter dem das Tor erscheint, ist ein sogenannter **Peripheriewinkel**. Er ist in der Zeichnung blau markiert. Wir zeichnen nun den zugehörigen **Zentriwinkel** ein, gebildet von den beiden Torpfosten und dem Mittelpunkt des Kreises. Der Zentriwinkel ist rot hervorgehoben.

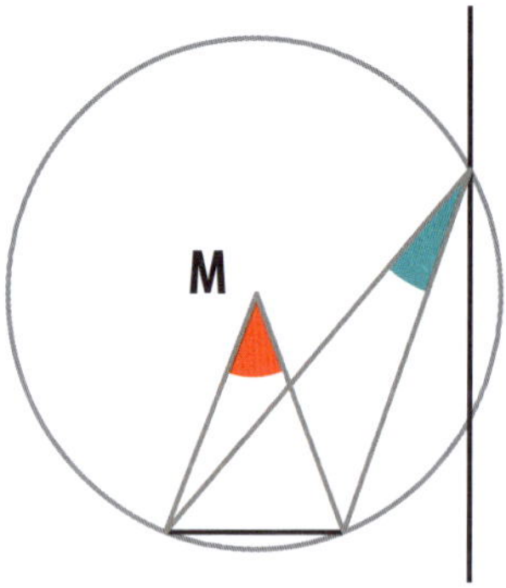

Der Zentriwinkelsatz besagt, dass **der Zentriwinkel immer doppelt so groß ist wie der zugehörige Peripheriewinkel**. Wir müssen also den größtmöglichen Zentriwinkel finden – dann erreicht auch der Peripheriewinkel seinen Maximalwert.

Der Zentriwinkel wird umso kleiner, je weiter der Mittelpunkt M vom Tor entfernt ist und je größer der Radius des Kreises ist. Wir suchen also den kleinstmöglichen Umkreis um den Spieler und die beiden Torpfosten.

Der Kreis muss die Seitenauslinie schneiden – zumindest aber berühren. Der kleinste Radius ist gefunden, wenn der Kreis die Seitenauslinie nur tangiert – siehe Zeichnung.

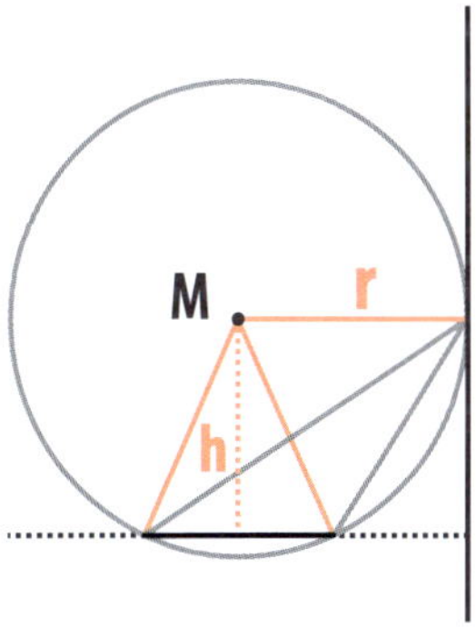

Nun können wir mit dem Satz des Pythagoras den Abstand h von der Torauslinie berechnen, von dem der Spieler schießen sollte. t ist die Breite des Tores (7,32 m), r entspricht der halben Spielfeldbreite (34 m).

$$r^2 = h^2 + (\frac{t}{2})^2$$

$$h^2 = r^2 - (\frac{t}{2})^2$$

$$h^2 = 34^2 - (3{,}66)^2$$

$$h^2 = 1142{,}60..$$

$$\mathbf{h = 33{,}80..\ m}$$

48) Die Quadratur des Rechtecks

Es gibt sogar mehrere mögliche Zerlegungen – eine zeigt die folgende Zeichnung:

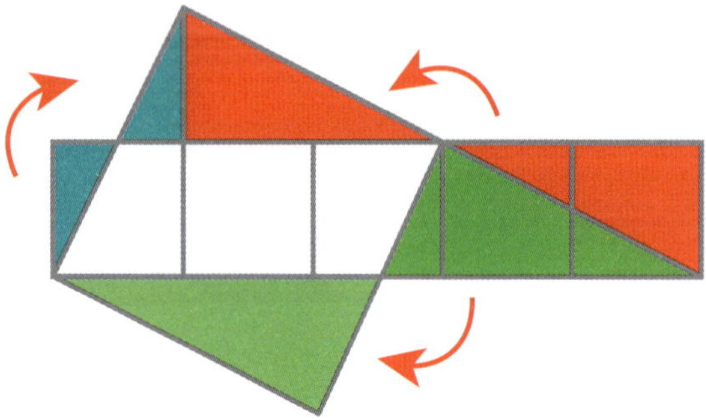

Die Aufteilung ist nicht so einfach zu finden, weil die vier Teile unterschiedlich groß sind. Das größte ist ein Parallelogramm – hinzukommen drei unterschiedlich große Dreiecke.

Drei weitere Zerlegungen habe ich zugesandt bekommen – vielen Dank an Michael Böhm, Volker Mehl, Christian Pfeffer, Dirk Nasri-Roudsari, Reiner Schmähling und Günter Seggebäing. Bei der zweiten Lösung sind die beiden größeren Dreiecke im Unterschied zur Lösung oben gleich groß.

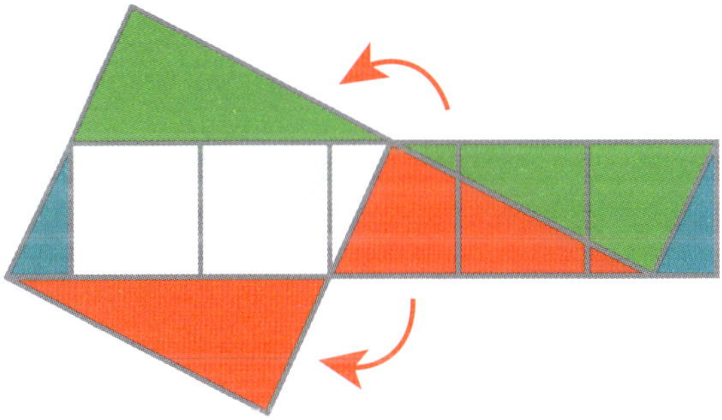

Die dritte Lösung nutzt zwei Dreiecke und zwei gleich große Trapeze.

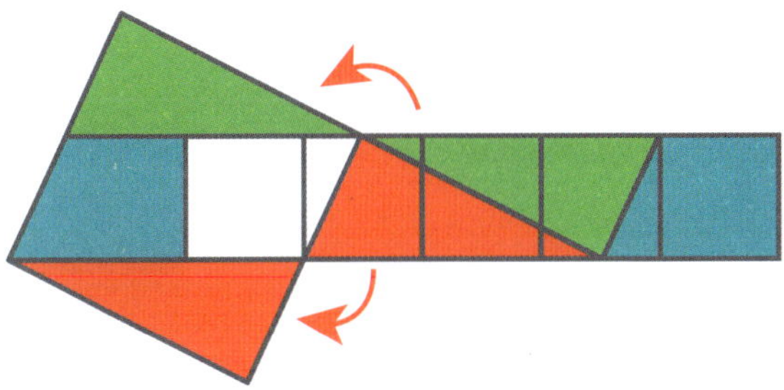

Die vierte Lösung ähnelt der zweiten, aber die Trapeze sind unterschiedlich groß.

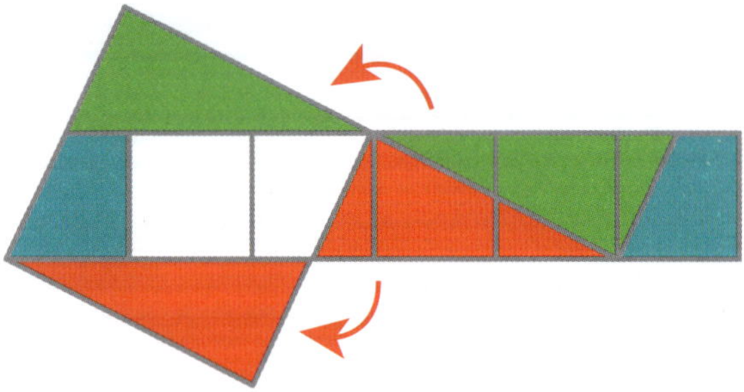

Die Aufteilung in zwei Trapeze und zwei Dreiecke ermöglicht sogar unendlich viele verschiedene Lösungen. Wir können die Breite des rechten Trapezes (in der Zeichnung blau gefüllt) nämlich frei wählen zwischen oben größer 0, unten größer 0,5 und oben 1, unten 1,5. Das Parallelogramm in der Mitte bestehend aus den beiden Dreiecken bleibt immer gleich. Das Trapez links hat eine Breite zwischen kleiner 2,5 oben, kleiner 2 unten und 1,5 oben, 1 unten – je nachdem, wie breit das rechte Trapez ist.

49) Akademisch vierteln

Eine Aufteilung gelingt bei beiden Formen, wie die Zeichnung unten zeigt.

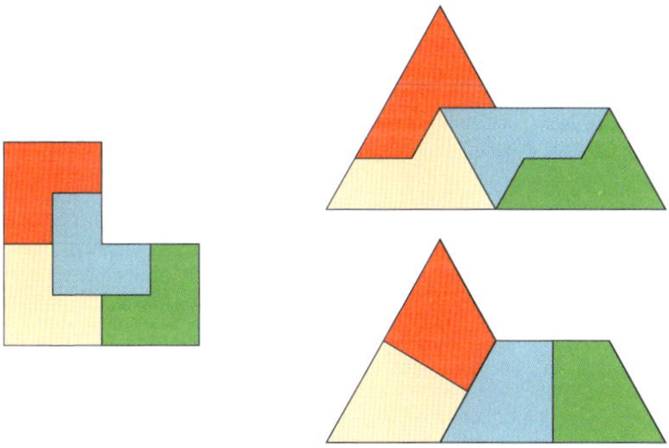

Beim Fünfeck habe ich zwei verschiedene Aufteilungen gefunden, beim Sechseck nur eine.

Die Lösung für das Sechseck und die obere Lösung für das Fünfeck haben eine Besonderheit: Die vier identischen Teilstücke sind genauso geformt wie die Vorlage, nur sind ihre Kanten halb so lang. Es handelt sich bei diesen Formen um sogenannte Rep-Tiles. Der Begriff wurde von replicating tile abgeleitet, was so viel heißt wie replizierende Kachel.

Mathematiker untersuchen seit Langem, wie sich Flächen mit aneinandergefügten Formen belegen lassen – sie sprechen dabei von Parkettierungen oder Kachelungen.

Die Fünfeck-Aufteilung aus dieser Aufgabe wird wegen ihrer Form auch Sphinx-Kachelung genannt – auf Englisch Sphinx Tiling.

Lösungen

50) Wie groß ist das Viereck?

Die Größe beträgt **16**.

Wir verbinden die vier Eckpunkte des Rechtecks mit dem Punkt in seiner Mitte, der zugleich Eckpunkt der vier Vierecke ist. Dadurch entstehen insgesamt acht Dreiecke.

Die Flächenformel des Dreiecks lautet:

$$A = g \times \frac{h}{2}$$

g ist dabei die sogenannte Grundseite und h die Höhe des ihr gegenüberliegenden Punktes.

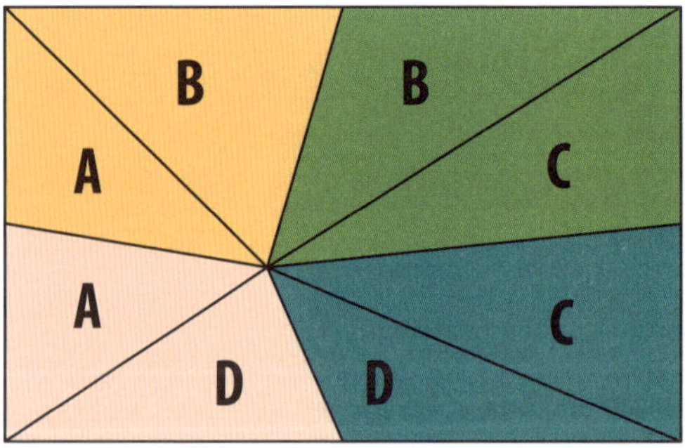

Wie wir leicht erkennen, sind zwei benachbarte Dreiecke, deren Grundseiten zusammen eine Rechteckseite bilden, gleich groß. Nehmen wir als Beispiel die mit D bezeichneten Dreiecke unten. Ihre Grundseiten sind gleich lang (halbe Rechteckseite) und auch die Höhe des gegenüberliegenden Punktes über den Grundseiten ist in beiden Fällen identisch. Es handelt sich ja um denselben Punkt. Daher haben beide Dreiecke denselben Flächeninhalt.

Gleich große Dreiecksflächen sind in der Zeichnung mit dem gleichen Buchstaben bezeichnet. Die gesuchte blaue Fläche entspricht dann der Summe C + D.

Wir sehen, dass die Summe aus rosafarbenem und grünem Viereck genauso groß ist wie die Summe aus gelbem und blauem Viereck. In beiden Fällen ist die Summe A + B+C + D. Also gilt:

Gelb + Blau = Rosa + Grün
Blau = Rosa + Grün − Gelb
Blau = 14 + 18 − 16
Blau = 16

51) Wie groß die dunkle Fläche?

Die Fläche hat eine Größe von **151**.

Wir können die beiden Fünfecke zu zwei rechtwinkligen Dreiecken erweitern. Die Katheten haben die Längen 8 und 15 beziehungsweise 12 und 5 – siehe Skizze.

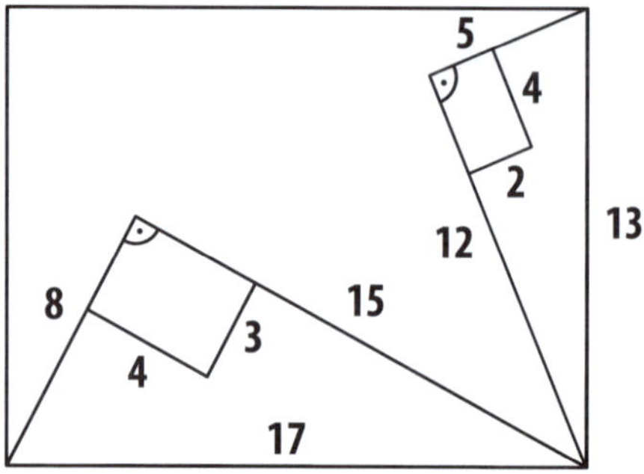

Mit dem Satz des Pythagoras können wir die Längen der beiden Rechteckseiten berechnen: 17 und 13 ($15^2 + 8^2 = 17^2$, $12^2 + 5^2 = 13^2$).

Nun ist es nicht mehr schwer, die dunkle Fläche zu berechnen. Wir ziehen von der Rechteckfläche die Fläche der beiden Dreiecke ab und addieren die Fläche der zwei kleinen rechteckigen Aussparungen wieder dazu.

$$\text{Fläche} = 17 \times 13 - 15 \times \frac{8}{2} - 12 \times \frac{5}{2} + 4 \times 3 + 4 \times 2$$

$$\text{Fläche} = 221 - 60 - 30 + 12 + 8$$
$$\text{Fläche} = 221 - 70$$
$$\text{Fläche} = 151$$

52) Der kürzeste Weg zum Honig

Das Problem ist dreidimensional, wir können es jedoch leicht in zwei Dimensionen überführen. Dazu rollen wir die Seitenfläche des Glases in einer Ebene ab. Die gekrümmte Glasoberfläche wird so zu einem Rechteck – siehe folgende Skizze.

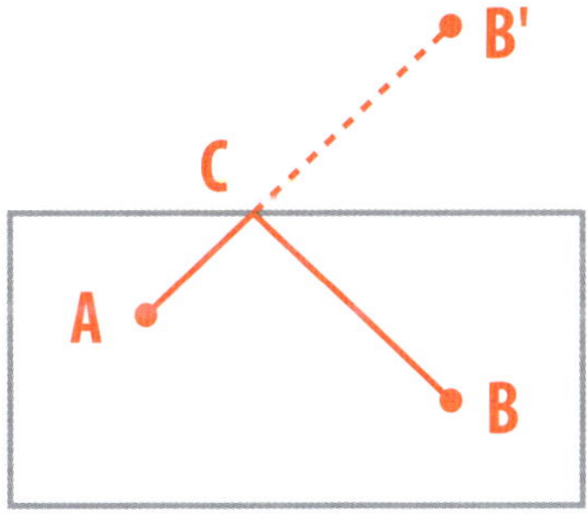

Die Biene am Punkt A will zum Punkt B krabbeln, wo sich der Honigtropfen befindet. Auf ihrem Weg muss die Biene an einem Punkt C auf der oberen Rechteckseite vorbeikommen, welche die Oberkante des Glases repräsentiert. An der Oberkante wechselt die Biene von der Außen- auf die Innenseite des Glases.

Wir suchen also den kürzesten Weg von A über C nach B. Diesen finden wir ohne komplizierte Berechnungen, indem wir den Punkt B an der oberen Seite des Rechtecks spiegeln und den Punkt B' erhalten. Der Weg von A über C nach B ist wegen der Spiegelung genauso lang wie der Weg von A via C nach B'.

Wir suchen also den kürzesten Weg von A nach B' und dieser entspricht der Strecke, die A und B' verbindet.

Diese Lösung entspricht jedoch nicht in allen Konstellationen dem kürzesten Weg. Der Leser Jörg Schleicher wies mich darauf hin, dass der Weg über den Glasboden innen unter Umständen kürzer sein kann.

Folgendes Beispiel illustriert das: Biene und Tropfen befinden sich exakt auf zueinander entgegengesetzten Glasseiten. Der Glasmittelpunkt und ihre Positionen bilden – von oben betrachtet – einen Winkel von 180 Grad. Weitere Annahmen sind: Das Glas hat einen Radius und eine Höhe von jeweils 1. Der Abstand der Biene zur Glasoberkante beträgt 0,1, der des Tropfens zur Oberkante 0,9.

Der Weg über den Glasboden hat dann die Länge:

$$L_B = 0{,}1 + 1 + 2 + 0{,}1 = 3{,}2$$

Der weiter oben beschriebene Weg (siehe Skizze) ist minimal länger. Laut Satz des Pythagoras beträgt die Distanz:

$$L = \sqrt{(0{,}1 + 0{,}9)^2 + \pi^2}$$

$$L = \sqrt{1 + \pi^2} = 3{,}2969...$$

Der Unterschied zwischen dem Weg über den Glasboden und dem weiter oben beschriebenen Weg sei umso größer, je größer der Radius des Glases sei, erklärt der Leser Jörg Schleicher. Für normal dimensionierte Gläser, bei denen die Höhe üblicherweise größer sei als der Radius, bleibe die ursprüngliche Lösung die kürzeste.

53) Der 31. Dezember gewinnt

David kann das Kalenderspiel mit Sicherheit gewinnen. Er muss mit dem Datum 20. Januar beginnen und dann immer das nächstmögliche Datum aus folgender Liste auswählen:

21. Februar
22. März

23. April
24. Mai
25. Juni
26. Juli
27. August
28. September
29. Oktober
30. November

Zwei Beispiele: Wenn Dana als ihr erstes Datum den 25. Januar wählt, nimmt David den 25. Juni. Falls Dana gleich beim ersten Mal den Monat wechselt und zum Beispiel den 20. August nennt, nimmt David den 27. August. Mit dieser Strategie gewinnt David mit Sicherheit.

Warum ist das so? Fangen wir von hinten an – beim 31. Dezember. Um dieses Datum mit Sicherheit nennen zu können, muss David vorher den 30. November genannt haben. Dann kann Dana nämlich nur den 30. Dezember wählen und verliert.

Wenn David den 30. November sagen möchte, muss er davor das Datum 29. Oktober genannt haben. Dann kann Dana nämlich nur zwischen den Daten 30. Oktober, 31. Oktober, 29. November oder 29. Dezember wählen. Beim 31. Oktober und 29. Dezember hat sie sofort verloren, weil David als Nächstes den 31. Dezember nimmt. Entscheidet sich Dana für den 30. Oktober oder den 29. November, landet David wie gewünscht beim 30. November.

Analog dazu ergibt sich: Wenn David mit Sicherheit den 29. Oktober nennen möchte, muss er zuvor den 28. September gesagt haben – und davor den 27. August, 26. Juli, 25. Juni, 24. Mai, 23. April, 22. März, 21. Februar und schließlich den 20. Januar.

54) Günstige Kette gesucht

Die Kette kostet **30 Euro**, wenn wir sie aus den alten Segmenten wie unten beschrieben herstellen.

Wir könnten die 13 Segmente zu einem Kreis legen und dann an jeder Lücke zwischen zwei Segmenten einen Ring öffnen und wieder schließen. Das würde 39 Euro kosten und wäre teurer als der Kauf einer geschlossenen Kette. Aber es gibt einen Weg, der cleverer ist.

Wir zerlegen alle aus drei Gliedern bestehenden Segmente. Davon gibt es insgesamt drei. So erhalten wir neun offene Ringe, davon fünf kleine und vier große. Mit diesen neun geöffneten Ringen verbinden wir die verbliebenen zehn Segmente zu einer langen Kette. Dabei fügen wir meist Segmente zusammen, die (siehe Zeichnung) nebeneinander- oder eine Reihe darunter liegen. Teils müssen wir Segmente aber auch um 180 Grad drehen oder miteinander austauschen, damit sie zusammenpassen.

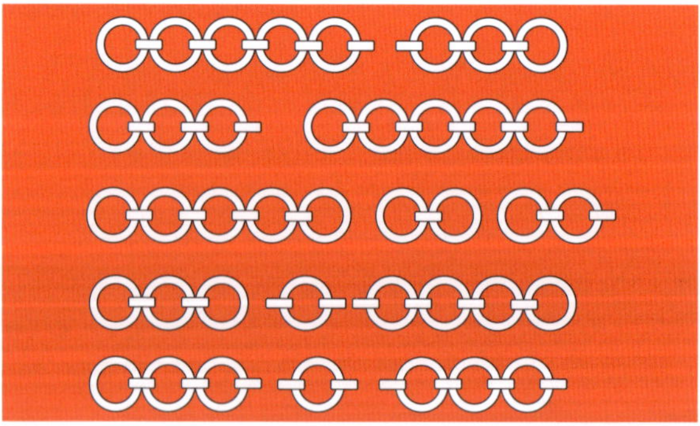

Die so entstandene Kette ist dann aber noch nicht geschlossen. Um sie zu schließen, müssen wir zusätzlich ein kleines Glied (oder ein großes Glied) öffnen und wieder schließen. Das sind insgesamt zehn Öffnungen und Schließungen. Die Kosten betragen damit 30 Euro und liegen unter dem Preis einer fertigen Kette gleicher Länge.

Alternativ können wir auch das aus vier Ringen bestehende Segment und zwei aus drei Ringen bestehende Segmente komplett öffnen. Mit den so erhaltenen zehn offenen Ringen verbinden wir die verbliebenen zehn Segmente zu einer geschlossenen Kette – ebenfalls zum Preis von 30 Euro.

55) Wer bekommt die letzte Münze?

Die Person, die den ersten Zug hat, kann das Spiel mit Sicherheit gewinnen. Im ersten Zug muss sie vier Münzen vom Tisch nehmen. Auf dem Tisch liegen dann noch 96 Münzen. Danach passt die Person, die den ersten Zug hatte, die Zahl ihrer Münzen immer an die Zahl an, die ihr Gegenüber zuvor genommen hat. Sie nimmt immer so viele, dass insgesamt zwölf Münzen vom Tisch verschwinden.

Nehmen wir an, Berit hat den ersten Zug, in dem sie vier Münzen nimmt. Bert wählt dann eine beliebige Anzahl zwischen vier und elf, zum Beispiel fünf. Berit wählt dann sieben Münzen. Beide Züge zusammen ergeben zwölf Münzen.

Dies gelingt immer: Nimmt Bert vier Münzen, wählt Berit acht. Ergreift Bert elf Münzen, nimmt Berit eine.

So verringert sich die Zahl der Münzen immer um zwölf. Weil 96 glatt durch 12 teilbar ist ($8 \times 12 = 96$), bekommt Berit mit Sicherheit die letzte Münze.

Wenn Bert den ersten Zug hat, geht er ganz genauso vor. Zunächst nimmt er vier Münzen. Und danach immer so viele, dass Berits letzter Zug und sein letzter Zug zusammen zwölf Münzen umfassen.

56) Das Domino-Duell

Noah gewinnt. Er hat viel Zeit, eine Lösung zu finden. Denn Nancy wird es nicht schaffen, ihr Brett vollständig zu bedecken. Für ihr Brett existiert nämlich keine Lösung.

Die beiden müssen $7 \times 7 - 1 = 48$ Felder bedecken. Dafür brauchen sie jeweils 24 Dominosteine. Doch es gibt ein Problem bei Nancys Brett.

Das 7×7-Brett besteht aus 24 weißen und 25 schwarzen Feldern. Der Chip liegt bei ihr auf einem weißen Feld. Sie muss mit 24 Dominosteinen also 23 weiße und 25 schwarze Felder bedecken. Das ist unmöglich, weil ein Dominostein immer ein weißes und ein schwarzes Feld des Schachbretts belegt.

Bei Noah ist es anders. Der graue Chip liegt auf einem schwarzen Feld. Er muss dann 24 weiße und 24 schwarze Felder abdecken. Und dafür gibt es tatsächlich Lösungen, die sich leicht finden lassen.

57) Zahlen raten – aber clever

Lösungen

Ja, es reichen sieben Fragen.

Der Trick besteht darin, die Antwortmöglichkeit »Weiß nicht« zu nutzen, um den Bereich der infrage kommenden Zahlen von einer Frage zur nächsten immer auf etwa ein Drittel zu reduzieren. Beim oben beschriebenen binären Suchbaum wird der Bereich hingegen immer nur halbiert.

Die erste Frage, die Sie Shirin stellen, ist die folgende:
»Ich habe mir eine Zahl von 334 bis 667 ausgedacht. Ist die von dir gewählte Zahl kleiner als meine Zahl?«

Shirin hat nun drei Antwortoptionen. Sagt sie »Ja«, liegt ihre Zahl im Bereich 1 bis 333. Sagt sie »Nein«, muss ihre Zahl größer als 666 sein. Wenn Shirins Zahl im Bereich 334 bis 666 liegt, muss sie antworten »Weiß ich nicht«. Denn Shirin kennt die Zahl von 334 bis 666 nicht, die Sie sich ausgedacht haben. Diese könnte kleiner sein als Shirins Zahl, aber auch gleich groß oder größer.

Diese spezielle Fragetechnik nutzen wir bei allen sieben Fragen. Mit Frage 1 reduzieren wir die Anzahl infrage kommender Zahlen von 999 auf 333, mit Frage 2 auf 111 Zahlen, mit Frage 3 auf 37 Zahlen, mit Frage 4 auf 13 Zahlen, mit Frage 5 auf 5 Zahlen, mit Frage 6 auf 2 Zahlen und mit Frage 7 auf eine Zahl. Damit steht fest, dass sieben Fragen reichen.

58) Fünf Inseln und ein Goldschatz

Sie finden den Schatz mit Sicherheit, wenn Sie die von links nach rechts durchnummerierten Inseln in folgender Reihenfolge besuchen: **2, 3, 4, 2, 3, 4**. Dafür brauchen Sie sechs Tage.

Weil der Pirat den Schatz jede Nacht auf eine benachbarte Insel bringt, folgt auf eine gerade Inselnummer immer eine ungerade und umgekehrt. Das nutzen wir aus.

Es gibt nur zwei gerade Nummern: 2 und 4. Jede zweite Nacht muss der Schatz auf einer dieser beiden Inseln sein. Dass die Strategie 2, 3, 4, 2, 3, 4 funktioniert, zeigt folgende Fallunterscheidung:

- Der Schatz befindet sich am ersten Tag auf einer Insel mit geradzahliger Nummer.

Das Gold kann nur auf 2 oder 4 sein. Ist es auf 2, finden wir es beim ersten Versuch. Ist es auf 4, kann es sich einen Tag später nur auf 3 oder 5 befinden. Auf 3 finden wir den Schatz am zweiten Tag, da besuchen wir ja Insel Nummer 3. Ist der Schatz auf 5, muss er am dritten Tag wieder auf 4 sein – und dann finden wir ihn am dritten Tag, an dem Insel 4 das Ziel ist.

- Der Schatz befindet sich am ersten Tag auf einer Insel mit ungerader Nummer.

Mit unserer Strategie 2, 3, 4, 2, 3, 4 können wir den Schatz an den ersten drei Tagen nicht finden, weil wir wie der Pirat an drei aufeinanderfolgenden Tagen immer gerade und ungerade Inselnummern abwechseln. Wir beginnen mit einer geraden und nicht wie der Pirat mit einer ungeraden Nummer und verfehlen den Schatz deshalb an den ersten drei Tagen stets.

Am vierten Tag ändert sich die Lage. Wir wechseln von Insel 4 auf Insel 2, bleiben also geradzahlig. Der Pirat muss seinen Schatz von einer Insel mit ungerader zu einer Insel mit gerader Nummer bringen. Die Situation entspricht daher dem Fall A. Spätestens zwei Tage später haben wir den Schatz gefunden.

59) Eine Brücke, vier Personen und eine Taschenlampe

Die vier brauchen zusammen **17 Minuten**.

Der Trick besteht darin, dass die beiden langsamsten Personen (3 + 4) gemeinsam die Brücke überqueren. Damit das möglich ist, gehen zuerst die Personen 1 und 2 zusammen auf die andere Seite. Das dauert zwei Minuten.

Als Nächstes geht Person 1 allein mit der Lampe zurück zu den Personen 3 und 4 – das dauert eine Minute. Person 1 übergibt die Lampe an die beiden. 3 und 4 gehen dann in zehn Minuten auf die gegenüberliegende Seite, wo sie die Lampe an Person 2 übergeben. Diese holt schließlich die auf der anderen Seite wartende Person 1 ab, was vier Minuten dauert – zwei Minuten hin und zwei zurück. Insgesamt dauert das Überqueren somit 2 + 1 + 10 + 2 + 2 = 17 Minuten.

Es ist auch eine andere Reihenfolge möglich, die ebenfalls 17 Minuten dauert. Statt Person 1 bringt Person 2 die Lampe in Schritt zwei zurück zu den Personen 3 und 4. Das dauert dann zwei statt einer

Minute. Personen 3 und 4 gehen dann wie in der ersten Lösung gemeinsam über die Brücke. Am Schluss holt Person 1 die auf der anderen Seite wartende Person 2 ab, was nur drei statt vier Minuten dauert. Die Gesamtzeit beträgt deshalb ebenfalls 17 Minuten.

60) Münze werfen, Wette gewinnen

Nina kann die Folge **Zahl – Zahl – Kopf** wählen und gewinnt das Spiel mit einer **Wahrscheinlichkeit von 2/3**.

Wir nehmen an, dass Pawel und Nina die Münze geworfen haben, ohne zu schauen, welche Dreiersequenzen in der Folge vorkommen. Wir untersuchen erst im Nachhinein, wer das Spiel gewonnen hätte. Um die Darstellung zu vereinfachen, kürzen wir Zahl mit Z und Kopf mit K ab. Pawel gewinnt also bei **ZKZ**, Nina bei **ZZK**.

Wir suchen nun in der Folge die Stelle, an der Z zum ersten Mal auftaucht. Erst ab dieser Position kann eine der beiden Sequenzen **ZKZ** oder **ZZK** auftreten – muss aber nicht. Folgende vier Kombinationen aus drei Würfen mit Z am Anfang sind möglich – jede hat eine gleich hohe Wahrscheinlichkeit von 1/4:

1) **ZZK** –> Nina gewinnt
2) **ZKZ** –> Pawel gewinnt
3) **ZZZ** –> Nina gewinnt
4) **ZKK** –> niemand gewinnt

Bei Variante 1 gewinnt Nina, bei Variante 2 heißt der Sieger Pawel – beides ist klar. Doch auch bei Variante 3 ist Nina die Gewinnerin. Denn immer, wenn Z zweimal, dreimal oder öfter hintereinander fällt, gewinnt sie. Irgendwann taucht in der Folge ZZ… erstmals wieder ein K auf. Und weil direkt davor mindestens zwei Z stehen, ergibt sich immer die Folge **ZZK**, bevor **ZKZ** erscheinen kann.

Keinen Sieger gibt es im Fall 4 bei der Folge **ZKK**. Dann müssen wir nach dem nächsten in der Folge auftauchenden Z suchen – und die eben gemachte Analyse wiederholt sich. Wieder gewinnt Nina in zwei von vier Fällen, in einem Fall siegt Pawel und in einem Fall gibt es keinen Sieger. Ohne Sieger beginnt das Ganze wieder von vorn.

Sie ahnen vielleicht schon, worauf das Ganze hinausläuft. Wenn es einen Sieger nach dem ersten Z in der Folge gibt, ist das in zwei von drei Fällen Nina. Gibt es eine Entscheidung erst nach dem zweiten Z, heißt die Siegerin ebenfalls in zwei von drei Fällen Nina. Und so geht das immer weiter – deshalb gewinnt Nina das Spiel auch insgesamt mit $p = 2/3$.

Das Problem ist in allgemeiner Form auch unter dem Namen Penney's Game bekannt.

61) Der zerteilte Würfel

Der kleinstmögliche Quader hat ein Volumen von **350**.

Wir teilen den Würfel in zwei Quader. Anschließend halbieren wir den größeren der beiden Quader in zwei kleinere Quader, damit wir einen möglichst kleinen größten Quader erhalten.
Weil nur ganzzahlige Seitenlängen erlaubt sind, gibt es beim Aufteilen des Würfels in zwei Quader fünf verschiedene Varianten. Angegeben wird jeweils das Volumen der beiden Quader:

- 100 + 900
- 200 + 800
- 300 + 700
- 400 + 600
- 500 + 500

Im nächsten Schritt halbieren wir den größeren der beiden Quader, was problemlos in der Mitte bei der Länge 5 möglich ist. Durch das Halbieren stellen wir sicher, dass der größere der beim Halbieren entstandenen Quader so klein wie möglich ist. Wir erhalten so folgende Varianten:

- 100 + 450 + **450**
- 200 + 400 + **400**
- 300 + 350 + **350**
- **400** + 300 + 300
- **500** + 250 + 250

Wir sehen beim Blick über die fünf Varianten – der jeweils größte Quader ist fett hervorgehoben –, dass 350 die gesuchte Lösung ist.

62) Neun Punkte und vier Striche

Die folgende Skizze zeigt die gesuchte Lösung für vier Striche. Sie können mit dem Zeichnen an zwei Stellen beginnen: entweder an der Ecke rechts unten oder am Ende der Strecke links oben.

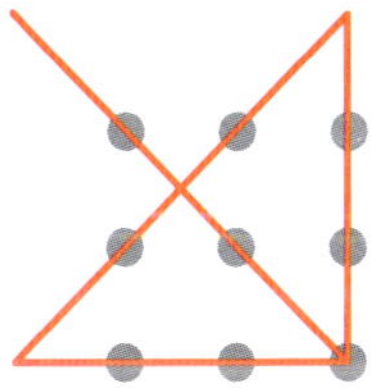

Mit drei Strichen ist die Aufgabe eigentlich nicht lösbar. So wie die Punkte angeordnet sind, liegen nämlich nicht mehr als drei Punkte auf einer Geraden. Bei nur drei Strichen müssten wir mit jedem Strich drei neue Punkte treffen.

Das klappt beim ersten Strich – doch schon beim zweiten ist das nicht mehr möglich. Entweder, weil die nächsten drei Punkte nur durch eine parallel zum ersten Strich verlaufende Linie erreicht werden können. Oder, sofern der erste Strich diagonal verläuft, weil es gar keine drei weiteren freien Punkte mehr gibt, die auf einer Linie liegen.

Es existiert dennoch eine Lösung, die mit drei Strichen auskommt. Diese nutzt aus, dass die Punkte in der Zeichnung kleine Kreise sind und keine Punkte mit einer Fläche null. Wenn wir die Striche nicht genau durch den Mittelpunkt dieser Kreise ziehen, gelingt das Verbinden der neun Punkte in drei Zügen – siehe folgende Zeichnung.

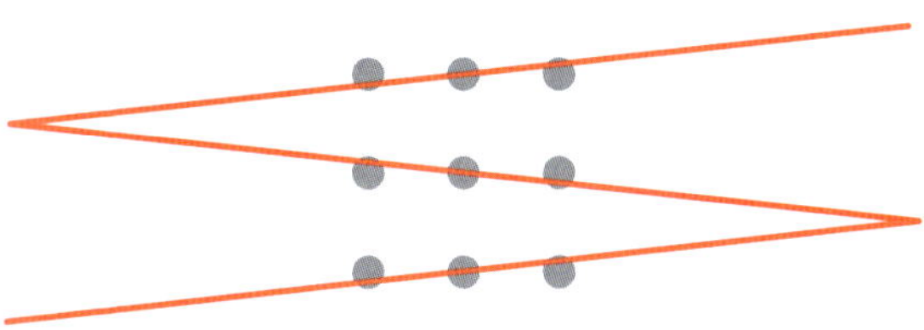

63) Zwei blockierte Türen

Sie müssen höchstens **sieben Knöpfe** drücken, um freizukommen. Die Folge lautet: **CBCACBC**.

Wir müssen **zwei Fälle** unterscheiden. Entweder befinden sich links und rechts je zwei Riegel – oder aber auf einer Seite sind drei Riegel und auf der anderen nur einer.

Für die Positionen der vier Riegel nutzen wir folgende Kurzschreibweise: 1010 bedeutet, dass der oberste Riegel (R1) links steht, der darunter (R2) rechts, der zweite von unten (R3) wieder links und der unterste (R4) rechts.

Beginnen wir mit dem **ersten Fall** – links und rechts sind je zwei Riegel. Aus Symmetriegründen müssen wir uns nur drei Konstellationen anschauen:

0101 0110 0011

Wir beginnen mit Knopf C. C öffnet die erste Konstellation. In den beiden anderen Fällen sind wir noch nicht am Ziel. Aus 0110 wird mit Knopf C entweder 0011 oder 1100. Und aus 0011 wird mit C 0110 oder 1001.

Im zweiten Schritt drücken wir Knopf B. Dadurch wird entweder eine Tür entsperrt – oder aber es entsteht eine der Konstellationen 0101 oder 1010. Diese beiden Konstellationen werden im dritten Schritt mit Knopf C geöffnet. **Fall eins** (zwei Riegel links, zwei rechts) ist mit **CBC** also gelöst.

Wenn sich aber auf einer Seite ein Riegel und auf der anderen drei Riegel befinden (**Fall zwei**), kommen wir mit den Knöpfen B und C allein nicht weiter. Denn beide Knöpfe ändern immer den Status von zwei Riegeln zugleich, sodass weiterhin auf einer Seite ein Riegel und auf der anderen drei Riegel sind.

Wenn sich keine Tür durch die Folge **CBC** öffnen lässt, muss Fall zwei, die Konstellation 3 zu 1, vorliegen. Dann drücken wir in Schritt vier Knopf **A**, wodurch sich entweder ein 4 zu 0 ergibt – eine Tür ist frei. Oder aber ein 2 zu 2. Damit sind wir wieder bei Fall eins. Und da führen die drei Schritte **CBC** mit Sicherheit in die Freiheit.

Insgesamt kommen wir damit auf die Folge **CBCACBC**.

64) Kopf oder Zahl

Sie schieben 37 Münzen auf die eine Seite des Tischs und 63 auf die andere. Die Auswahl der Münzen ist dabei beliebig. Dann drehen Sie alle Münzen der 37er-Gruppe um und sind fertig.

Warum funktioniert der Trick? Wir nehmen an, dass in der zufällig von Ihnen gewählten 63er-Gruppe n Münzen mit dem Kopf nach oben liegen und 63−n mit Zahl. Die Zahl n kennen wir nicht, aber das ist nicht weiter schlimm, wie wir gleich sehen werden.

In der 37er-Gruppe müssen es 37−n Münzen mit Kopf sein, weil zu Beginn ja insgesamt 37 Münzen mit der Kopfseite nach oben auf dem Tisch lagen. Deshalb liegen in der 37er-Gruppe auch $37-(37-n)=n$ Münzen mit der Zahlseite oben.

Wenn Sie nun in der 37er-Gruppe sämtliche Münzen umdrehen, erhalten Sie n mal Kopf und 37–n mal Zahl. Damit ist die Aufgabe gelöst, denn in jeder Gruppe befinden sich dann n Münzen mit der Kopfseite oben.

65) Viele Freunde sollt ihr sein

Bei der Lösung nutzen wir das sogenannte Schubfachprinzip.

Wir kennen die genaue Einwohnerzahl Münchens Stand heute nicht. Sie ist auch egal, wie wir gleich sehen werden. Angenommen, in München leben n Menschen. Eine Person kann zwischen 0 und n–1 Freunde in der Stadt haben. Es sind also n verschiedene Anzahlen von Freunden möglich.

Wir müssen zwei Fälle unterscheiden:

- Es gibt mindestens eine Person, die mit allen anderen Menschen aus München befreundet ist. Dann kann es keinen Münchner und keine Münchnerin geben, die ohne Freund ist. Also sind höchstens n–1 verschiedene Anzahlen von Freunden möglich – zwischen 1 und n–1.
- Es gibt keine einzige Person, die mit allen anderen Menschen aus München befreundet ist. Dann hat niemand n–1 Freunde. In diesem Fall sind ebenfalls höchstens n–1 verschiedene Anzahlen von Freunden möglich – zwischen 0 und n–2.

Wenn nun aber n Menschen aus München nur n–1 verschiedene Anzahlen von Freunden haben können, muss es mindestens zwei Personen geben, die gleich viele Freunde haben.

Dies ist das Schubfachprinzip. Wir stellen uns vor, dass es n−1 Schubfächer gibt. Auf jedem Schubfach steht eine Freundeanzahl, auf jedem Fach eine andere. Jeder Münchner und jeder Münchnerin wirft dann einen Zettel in das Schubfach, auf dem die Zahl steht, die der Anzahl seiner oder ihrer Freunde entspricht. Weil n Personen ihre Namenszettel in höchstens n−1 verschiedene Schubfächer werfen, landen in mindestens einem Schubfach mindestens zwei Zettel.

66) Zahlenspiele auf dem Parkplatz

Die Wahrscheinlichkeit beträgt **1/6**.

Die Lösung ist einfacher als gedacht. Wir schauen nur auf die drei Transporter ganz links. Diese haben drei verschiedene Nummern. Eine davon ist die kleinste Zahl, eine die mittlere und eine die größte.

Der Einfachheit halber nennen wir die drei Zahlen 1, 2 und 3. Da auch die Reihenfolge dieser drei Autos zufällig ist, sind folgende sechs Anordnungen möglich:

123
132
213
231
312
321

Nur bei der ersten Kombination bilden die Nummern eine ansteigende Folge. Deshalb ist die gesuchte Wahrscheinlichkeit 1/6.

67) Die perfekte Sitzordnung für Welterklärer

Es gibt **keine Sitzordnung**, die die geforderte Bedingung erfüllt.

Männer dürfen höchstens zu zweit nebeneinandersitzen. Säßen aber drei Männer nebeneinander, würde mindestens ein Mann zwischen zwei anderen Männern sitzen. Wir müssen die 51 Männer also in mindestens 26 Gruppen aufteilen, die aus höchstens zwei Männern bestehen.

Wir verteilen diese mindestens 26 Gruppen nun auf Plätze am runden Tisch. In die mindestens 26 Lücken zwischen den mindestens 26 Männergruppen müssen Frauen platziert werden – und zwar pro Lücke mindestens zwei. Denn nur wenn immer mindestens zwei Frauen nebeneinander zwischen zwei Männergruppen sitzen, sitzt keine Frau allein zwischen zwei Männern.

Wir brauchen für die 26 Lücken also mindestens $26 \times 2 = 52$ Frauen. Es sind aber nur 51 Frauen da – also gibt es keine Lösung.

Anders sähe es aus, wenn der Verein 52 Männer und 52 Frauen als Mitglieder hätte. Dann könnten sich immer abwechselnd zwei Frauen und zwei Männer rund um den Tisch setzen – und die Bedingung der Aufgabe wäre erfüllt.

68) Glück und Pech in der Tombola

Lösungen

Nur **zwei Weinflaschen** wurden verlost.

Die Aufgabe erscheint zunächst kaum lösbar. Doch nach einigen Überlegungen stellt sich heraus, dass die Firma ziemlich klein sein muss und nicht mehr als zehn Angestellte haben kann. Und dass dann nur bestimmte Anzahlen der zu verlosenden Handtücher und Weinflaschen möglich sind, damit die Wahrscheinlichkeit der beschriebenen Konstellation ein Zehntel beträgt.

Beginnen wir mit der Berechnung der Wahrscheinlichkeit, dass Helene das Tablet gewinnt und Ahmed ein Handtuch. Wenn n die Zahl der Tombolateilnehmer ist und m die Zahl der Handtücher, gilt folgende Gleichung:

$$p = \frac{1}{10} = \frac{1}{n} \times \frac{m}{n-1}$$

Erklärung: Helene gewinnt das Tablet mit $p=1/n$. Ahmed gewinnt eines der m Handtücher mit $p=m/(n-1)$, sofern Helene kein Handtuch gewonnen hat.

n muss mindestens vier sein, denn es ist von einem Tablet, Handtüchern im Plural und Wein die Rede – also mindestens einer Flasche. Außerdem gilt: Der Bruch $m/(n-1)$ in der Gleichung oben ist immer kleiner als 1.

Daraus folgt, dass n kleiner als 10 sein muss. Sonst kann das Produkt $1/n \times m/(n-1)$ nämlich nicht wie gefordert $1/10$ sein, sondern wäre kleiner als $1/10$.

Lösungen

Wir formen die Gleichung $1/10 = 1/n \times m/(n-1)$ so um, dass keine Brüche mehr darin enthalten sind:

$$n \times (n-1) = 10 \times m$$

Nun hilft uns die Primzahlzerlegung weiter. Rechts steht als Primfaktor eine 5. Weil n zwischen 4 und 9 liegt, muss n oder $n-1$ gleich 5 sein, damit auch links der Primfaktor 5 auftaucht. Wir finden zwei verschiedene Lösungen:

$$n = 5 \rightarrow m = 2$$
$$n = 6 \rightarrow m = 3$$

$n-m-1$ ist die Zahl der Weinflaschen. Diese Zahl ist in beiden Fällen 2. Es gibt also nur **zwei Weinflaschen** und in der Firma arbeiten entweder **fünf oder sechs Personen**.

69) Hauptsache 1000

Es existieren mehr Darstellungen mit vier ungeraden Summanden als mit vier geradzahligen.

Wir schauen uns die Menge aller geradzahligen Lösungen (a, b, c, d) an. Für alle gilt:

$$1000 = a + b + c + d$$

Dabei sollen die vier Summanden bei jeder einzelnen Lösung der Größe nach aufsteigend sortiert sein. In jeder geradzahligen Lösung gilt dann also:

$$d \geq c \geq b \geq a$$

Nun ändern wir die vier Summanden aller Lösungen (a, b, c, d) auf dieselbe Weise. Von den ersten drei Summanden ziehen wir jeweils 1 ab, zum vierten Summanden d addieren wir 3 hinzu. Dadurch ändert sich die Summe nicht, aber sie besteht nun aus vier ungeradzahligen Summanden:

$$1000 = (a-1) + (b-1) + (c-1) + (d+3)$$

Weil a, b, c sämtlich gerade, positive natürliche Zahlen sind, müssen diese drei Zahlen größer oder gleich 2 sein. Deshalb sind die ungeraden Zahlen $a-1$, $b-1$, $c-1$ ebenfalls positiv und größer oder gleich 1. Und weil a, b, c mindestens 2 sind, kann d maximal 994 sein und $d+3$ ist auf jeden Fall kleiner als 1000.

Damit haben wir alle geradzahligen Lösungen (a, b, c, d) in eine identisch große Anzahl ungerader Lösungen $(a-1, b-1, c-1, d+3)$ überführt. Diese ungeraden Lösungen genügen den Anforderungen der Aufgabe.

Wir wissen damit, dass es mindestens genauso viele ungerade Lösungen geben muss wie gerade Lösungen. Doch es gibt sogar noch mehr ungeradzahlige Lösungen, denn $(a-1, b-1, c-1, d+3)$ enthält nicht alle möglichen Varianten.

Wegen $d \geq c$ ist bei allen Lösungen der Form $(a-1, b-1, c-1, d+3)$ die vierte Zahl $(d+3)$ größer als die übrigen drei Zahlen. Wir hatten a, b, c, d ja vorab der Größe nach aufsteigend sortiert.

Doch es sind auch ungerade Lösungen möglich, bei denen die vierte Zahl nicht die größte Zahl ist, sondern es zum Beispiel zwei gleich große größte Summanden gibt. Wie etwa (249, 249, 251, 251). Es sind auch drei gleich große größte Zahlen möglich wie (1, 333, 333, 333).

Damit haben wir gezeigt, dass es neben den aus allen geradzahligen Lösungen abgeleiteten Varianten ($a-1$, $b-1$, $c-1$, $d+3$) weitere ungerade Lösungen gibt, die darin nicht enthalten sind.

70) Ein Eimer bleibt leer

Die Wahrscheinlichkeit beträgt **1200/3125**, was etwa **38 Prozent** entspricht.

Insgesamt sind $5^5 = 3125$ verschiedene Verteilungen möglich, denn jeder der fünf Bälle kann in einem der fünf Eimer landen.
Wenn in jedem Eimer genau ein Ball sein soll, gibt es $5 \times 4 \times 3 \times 2 \times 1$ Möglichkeiten. Warum? Stellen wir uns vor, die Bälle werden nacheinander eingeworfen. Die erste Person hat fünf Eimer zur Auswahl. Person 2 nur noch vier, denn ein Eimer ist schon belegt. Person 3 hat drei, Person 4 zwei Möglichkeiten und die letzte Person nur noch eine. So entsteht das Produkt $5 \times 4 \times 3 \times 2 \times 1$, das Mathematiker als Fakultät von 5 bezeichnen. 5! lautet die mathematische Notation.

In einem Eimer müssen sich jedoch zwei Bälle befinden und in drei weiteren je einer, damit genau ein Eimer leer ist. Vier Personen werfen also einen Ball in einen zuvor noch leeren Eimer. Für die vier Personen ergeben sich analog zum Beispiel oben $5 \times 4 \times 3 \times 2$ verschiedene Verteilungen.

Eine Person erwischt einen Eimer, in dem es bereits einen Ball gibt. Dies kann nicht die Person sein, die den ersten Ball in einen Eimer wirft, aber jede der vier folgenden Personen. Person 2 hat genau eine Option, den Ball in einen Eimer zu legen, in dem sich bereits ein Ball befindet. Person 3 hat zwei Möglichkeiten, Person 4 drei und Person 5 vier.

Lösungen

Daraus ergibt sich folgende Gesamtzahl an Verteilungen:

$$Z = 5 \times 4 \times 3 \times 2 \times (1+2+3+4)$$
$$Z = 120 \times 10$$
$$Z = 1200$$

Die Wahrscheinlichkeit beträgt deshalb 1200/3125.

71) Ein Würfel – viele Möglichkeiten

Es existieren **30 verschiedene Varianten** des Farbwürfels.

Wir stellen uns einen unlackierten Würfel vor und verteilen Schritt für Schritt die Farben über die sechs Seiten. Für einen besseren Überblick benennen wir die sechs Farben mit den Zahlen von 1 bis 6.

Wir beginnen mit der Farbe 1. Wir weisen einer Seite diese Farbe zu und stellen den Würfel danach mit dieser Seite nach unten auf den Tisch.

Für die gegenüberliegende Seite, die nach oben zeigt, gibt es dann **fünf verschiedene Auswahlmöglichkeiten** – nämlich die Farben von 2 bis 6. Wir wählen eine davon – zwei Würfelseiten haben damit je eine Farbe.

Die verbleibenden vier Farben müssen dann über die vier Würfelflächen an den Seiten verteilt werden.

Wir wählen die niedrigste noch verbliebene Farbnummer und weisen diese einer der vier Seiten zu. Anschließend drehen wir den Würfel auf dem Tisch so, dass diese Seite in unsere Richtung zeigt.

Für die gegenüberliegende Seite, also die uns abgewandte Rückseite des Würfels, stehen damit noch **drei Farbnummern** zur Auswahl.

Im letzten Schritt verbleiben zwei Farbnummern für die Seitenflächen links und rechts. Für die Verteilung gibt es genau **zwei Möglichkeiten**. Diese sind spiegelsymmetrisch, sie lassen sich nicht durch Drehung ineinander überführen. Damit sind alle sechs Farben verteilt.

Fassen wir zusammen: Im ersten Schritt gibt es fünf, danach drei und zum Schluss zwei Möglichkeiten. Das Produkt dieser drei Zahlen ist 30 – und das ist auch die Gesamtzahl der Farbvarianten.

72) Quadrate versenken

Die Wahrscheinlichkeit beträgt **49/256**, was etwa **19 Prozent** entspricht.

Wir vereinfachen die Aufgabe zunächst auf eine Dimension. Mirijana und Martin legen ihr Quadrat mit der Kantenlänge 1 auf eine Strecke mit der Länge 5. Dabei muss der Mittelpunkt des Quadrats auf der Strecke liegen – und das Quadrat darf auch rechts und links nicht über die Strecke hinausragen.

Wie groß ist dann die Wahrscheinlichkeit, dass sich beide Quadrate überlappen?

Wir gehen wie im Kasten von einer Kante links und rechts aus, über die das Quadrat nicht hinausragen darf. Der Mittelpunkt eines Quadrats muss also mindestens 0,5 vom linken und rechten Ende der Strecke entfernt sein. Zur Auswahl steht also der Bereich von 0,5 bis 4,5 vom linken Rand. Dieser Bereich hat eine Gesamtlänge von 4 – siehe Skizze unten.

Die Wahrscheinlichkeit einer Überlappung können wir nun leicht berechnen, wenn wir eine Skizze anlegen, welche die Optionen von Mirijana und Martin zugleich visualisiert. Das Quadrat mit der Größe 4 × 4 zeigt den Raum der Möglichkeiten beider Spieler.

Die x-Achse zeigt den Bereich auf der Strecke zwischen 0,5 und 4,5, den Mirijana für den Mittelpunkt ihres Quadrats wählen kann. Er hat die Länge 4.

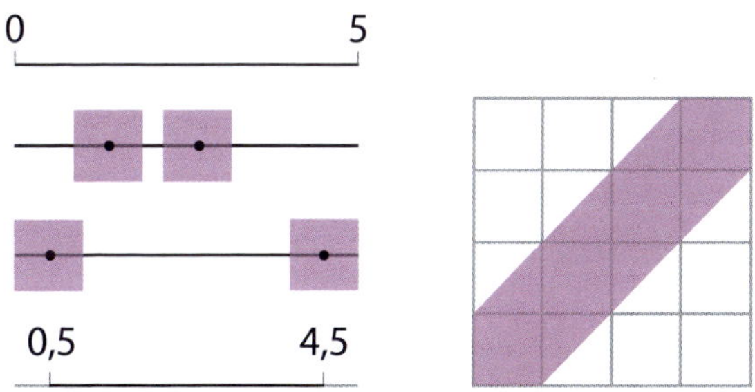

Die y-Achse zeigt den Bereich, den Martin für den Mittelpunkt seines Quadrats wählen kann. Er hat ebenfalls die Länge 4. Beide setzen ihr Quadrat ja auf dieselbe Strecke.

Doch nur wenn der Abstand beider Mittelpunkte kleiner als 1 ist, überlappen sich die Quadrate. Die farbig hervorgehobene Fläche kennzeichnet die Fälle, bei denen sich die zwei Quadrate überlappen.

Der Anteil der hervorgehobenen Fläche an der Gesamtfläche des Quadrats beträgt 7/16. Mit einer Wahrscheinlichkeit von 7/16 überlappen sich also die Quadrate, wenn sie zufällig auf einer Strecke der Länge 5 platziert werden, ohne über deren Rand hinauszuragen.

Die Wahrscheinlichkeit, dass sich die zwei Quadrate überlappen, wenn Mirijana und Martin sie in das Quadrat mit der Kantenlänge 5 legen, lässt sich nun leicht berechnen. Wir stellen uns vor, dass beide je ein Quadrat auf eine horizontale Linie mit der Länge 5 legen – und je ein Quadrat auf eine vertikale Linie mit der Länge 5. Horizontale und Vertikale stehen für die x- und y-Achse des quadratischen Kastens mit der Länge 5.

Damit sich die zwei Quadrate überlappen, müssen sie sich sowohl in der Horizontalen als auch in der Vertikalen überlappen. Die Wahrscheinlichkeit dafür beträgt 7/16 mal 7/16 – also **49/256**, was etwa **19 Prozent** entspricht.

73) Turm versus Läufer

Die Wahrscheinlichkeit beträgt **1456/4032**. Das sind rund **36 Prozent**.

Es gibt insgesamt 64 x 63 = 4032 verschiedene Möglichkeiten, die beiden Figuren auf dem Brett aufzustellen. Beginnen wir mit dem einfachen Fall: Wann kann der Turm den Läufer schlagen?

Wenn wir den Turm auf das Brett stellen, bedroht er sieben Felder senkrecht und sieben Felder waagerecht. Zusammen also 14 Felder. Dort darf der Läufer nicht stehen. Insgesamt sind 14 x 64 = 896 verschiedene Stellungen möglich, bei denen der Läufer in Schlagweite des Turms ist.

Etwas komplizierter ist die Frage, wann der Läufer den Turm schlagen kann. Hier müssen wir vier Fälle unterscheiden.

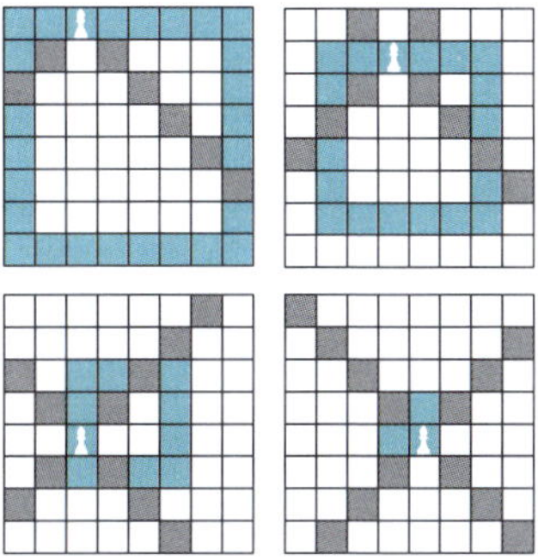

- Der Läufer steht auf einem der 28 Felder am Brettrand (auf der Zeichnung links oben). Dann bedroht er stets sieben Felder. Das sind 28 x 7 = 196 Stellungen.
- Der Läufer steht auf dem Ring weiter innen (Zeichnung rechts oben). Dort gibt es 20 Felder. Er bedroht jeweils neun Felder – das ergibt 180 Stellungen.
- Der Läufer steht auf dem Ring mit der Kantenlänge vier (Zeichnung links unten). Dieser besteht aus 12 Feldern. Bei jeweils 11 bedrohten Feldern sind das 11 x 12 = 132 Stellungen.
- Der Läufer steht auf einem der mittleren vier Felder. Bedroht werden so jeweils 13 Felder. Wir erhalten 4 x 13 = 52 Stellungen.

Insgesamt gibt es **196+180+132+52=560 Stellungen**, bei denen der Läufer den Turm bedroht. Turm und Läufer können sich nicht gleichzeitig gegenseitig bedrohen. Daher können wir die beiden Fälle, Turm bedroht Läufer und Läufer bedroht Turm, addieren. Es gibt also **896+560=1456 Stellungen**, bei denen eine Figur die andere schlagen kann. Die gesuchte Wahrscheinlichkeit beträgt daher **1456/4032**.

74) Wie viele Fahrstühle werden gebraucht?

Es müssen **sechs Fahrstühle** eingebaut werden.

Wir schauen uns die Verbindungen zwischen den Stockwerken eins bis sechs an. Wenn sie die Wünsche der Bauherrin erfüllen, gilt das auch für das Erdgeschoss und die siebente Etage, weil dort alle Lifte halten.

Zwischen erster und sechster Etage gibt es insgesamt $6 \times 5/2 = 15$ verschiedene Kombinationen aus zwei Stockwerken. All diese müssen mit den Fahrstühlen möglich sein.

Jeder Fahrstuhl hat drei Halte im Bereich der Etagen eins bis sechs. Ein Fahrstuhl deckt somit drei verschiedene Verbindungen ab. Hält der Lift zum Beispiel in den Stockwerken eins, drei und sechs, sind das die folgenden drei Verbindungen:

1 <-> 3
3 <-> 6
1 <-> 6

Da es bei sechs Stockwerken genau 15 verschiedene Verbindungen zwischen zwei Etagen gibt und ein Fahrstuhl drei verschiedene Verbindungen abdeckt, sollten theoretisch fünf Lifte reichen. In diesem Fall darf jedoch keine Verbindung doppelt vorkommen, weil die fünf Lifte ansonsten nicht alle 15 Verbindungen bedienen können.

Tatsächlich ist es so, dass fünf Lifte nicht ausreichen. Es lässt sich nämlich nicht vermeiden, dass eine Verbindung bei zwei verschiedenen Liften auftaucht. Das sehen wir am Beispiel der ersten Etage. Von dort müssen die fünf Stockwerke darüber ohne Umsteigen erreicht werden. Da für einen Lift, der im ersten Stock hält, nur noch zwei weitere Stopps in den fünf Etagen darüber erlaubt sind, brauchen wir mindestens drei Lifte – zum Beispiel (1,2,3), (1,4,5) und (1,5,6). Mit zwei Liften können wir nur vier der fünf nötigen Halte abdecken. Also muss es mindestens drei Lifte geben, und dann ist mindestens eine Verbindung doppelt (drei Lifte = sechs Halte, aber nur fünf verschiedene sind möglich).

Die Mindestzahl der Lifte liegt daher bei sechs. Und tatsächlich klappt es mit sechs Fahrstühlen, wie folgende Aufteilung zeigt:

(1,2,3)
(1,4,5)
(1,2,6)
(2,4,5)
(3,4,6)
(3,5,6)

Lösungen

75) Pizza schneiden für Profis

Mit **zehn geraden Schnitten** kann eine runde Pizza in **56 Stücke** aufgeteilt werden.

Nehmen wir zum Beispiel an, die Pizza wurde schon zweimal geschnitten. Wie viele neue Stücke entstehen durch einen dritten Schnitt?

Sofern der dritte Schnitt nicht parallel zu einem der vorherigen Schnitte ist, schneidet die dritte Schnittlinie die erste und die zweite Schnittlinie. Dadurch entstehen im Höchstfall drei zusätzliche Stücke – siehe folgende Skizze. Gibt es bereits drei Schnitte, können durch einen vierten Schnitt höchstens vier zusätzliche Stücke entstehen.

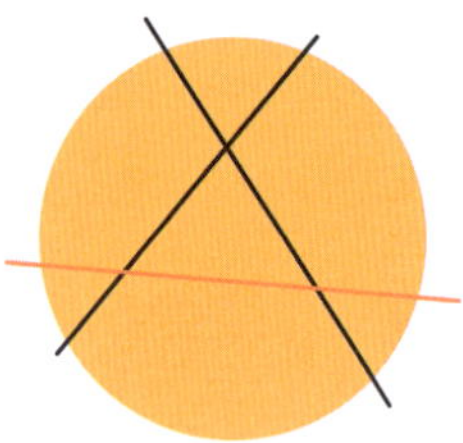

n = 3:
3 neue Stücke

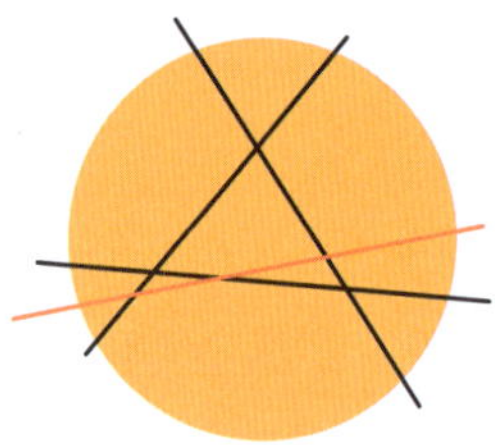

n = 4:
4 neue Stücke

Das können wir verallgemeinern: Bei n–1 Schnitten entstehen durch den Schnitt Nummer n höchstens n neue Stücke. Das ist leicht zu verstehen. Wenn ich bei n–1 existierenden Schnittlinien eine neue Schnittlinie ziehe, entstehen maximal n neue Schnittpunkte.

Das erste zusätzliche Stück entsteht im Bereich zwischen Pizzarand und dem ersten Schnittpunkt des neuen Schnitts mit einer alten Schnittlinie. Das zweite neue Stück entsteht zwischen dem ersten und dem zweiten Schnittpunkt der neuen Schnittlinie mit alten Linien. Und so weiter bis zum vorletzten neuen Stück, das zwischen dem vorletzten und dem letzten Schnittpunkt liegt. Und dem letzten neuen Stück, das zwischen dem letzten Schnittpunkt und dem Rand entsteht. Weil es zuvor $n-1$ Schnittpunkte gibt, erzeugt Schnitt n also insgesamt höchstens n neue Stücke.

Die maximal mögliche Stückzahl mit n Schnitten ist daher die Summe aller Zahlen von 1 bis n. Zu dieser Summe müssen wir noch 1 addieren, weil die Pizza vor dem ersten Schnitt ja bereits aus einem Stück besteht.

Für die Summe von 1 bis n gibt es eine Summenformel, die schon der junge Carl Friedrich Gauß kannte:

$$1 + 2 + \cdots + n - 1 + n = \frac{n(n+1)}{2}$$

Bei zehn Schnitten lautet die Lösung $5 \times 11 + 1 = 56$. Bei 100 Schnitten sind es $50 \times 101 + 1 = 5051$ Stücke.

76) Verwirrspiel im Terrarium

Ja, bei der ersten Variante können die Tiere alle eine Farbe haben.

Wenn sich ein rotes und ein blaues Tier treffen, werden daraus zwei grüne. Dann gibt es drei rote, ein blaues und drei grüne Tiere. Im nächsten Schritt müssen sich drei Paare aus je einem roten und grünen Chamäleon treffen – und danach sind alle Bewohner des Terrariums blau.

Für die Konstellation mit sechs roten Tieren, zwei blauen und einem grünen gibt es jedoch keine Lösung. Der Beweis dafür ist raffiniert. Wir müssen uns dazu genauer anschauen, wie sich die Anzahl der Tiere in den unterschiedlichen Farben von Schritt zu Schritt ändert.

Bei jedem Rendezvous von zwei unterschiedlich gefärbten Tieren passiert Folgendes: Die Anzahl der Tiere in den Farben der beiden verringert sich jeweils um eins. Die Anzahl der Tiere mit der dritten Farbe erhöht sich hingegen um zwei, denn beide Tiere wechseln ihre Farbe ja dahin.

Schauen wir als Nächstes auf die Differenzen der Tieranzahlen nach Farbe. **Diese Differenzen** ändern sich durch ein Rendezvous zwischen zwei Tieren **stets nur um ein Vielfaches von drei**. Nehmen wir das Beispiel mit vier roten Chamäleons, zwei blauen und einem grünen, bei dem sich ein rotes und ein blaues Tier treffen. Folgende Tabelle zeigt die einzelnen Schritte:

Farbwechsel im Terrarium

Rot (R)	Blau (B)	Grün (G)	R-B	R-G	B-G
4	2	1	2	3	1
3	1	3	2	0	–2

Drei Spalten links: Anzahl der Tiere in den drei Farben
Drei Spalten rechts: Differenzen der Anzahlen

Damit alle Tiere im Terrarium eine Farbe annehmen können, müssen zuvor die Anzahlen in zwei verschiedenen Farben gleich sein. Wenn sich diese Tiere dann paarweise treffen, nehmen sie alle die dritte Farbe an. Wenn die Anzahl bei zwei Farben gleich ist, ist ihre Differenz null.

Weil sich, wie wir oben gesehen haben, die Differenz der Tieranzahlen immer nur um ein Vielfaches von drei ändern kann, existiert für die Konstellation mit sechs roten Tieren, zwei blauen und einem grünen Tier keine Lösung. Denn hier betragen die Differenzen

$$6-2=4$$
$$6-1=5$$
$$2-1=1$$

Alle drei Differenzen sind keine Vielfachen von drei. Es ist deshalb unmöglich, dass es plötzlich Tiere zweier Farben in gleicher Anzahl gibt. Denn dann wäre eine der drei Differenzen gleich null.

Allgemein gilt: Solange keine der drei Differenzen ein Vielfaches von drei ist, gibt es keine Lösung. Ist jedoch eine Differenz durch drei teilbar, existiert stets eine Lösung. Auch das lässt sich beweisen, zum Beispiel mit einer Fallunterscheidung.

77) Welcher Stab ist magnetisch?

Sie legen einen Stab quer auf den Tisch und schieben den anderen Stab mit einem Ende nach vorn auf die Mitte des quer liegenden Stabes zu. Die beiden Stäbe müssen dabei im Winkel von 90 Grad zueinander liegen.

Falls sich der quer liegende Stab gar nicht oder nur minimal bewegt, handelt es sich dabei um den Stabmagneten. Seine Mitte zwischen Nord- und Südpol ist nur schwach magnetisch.

Rollt der quer liegende Stab hingegen auf den Stab zu, mit dem Sie sich langsam nähern, ist es umgekehrt: Der quer liegende Stab ist aus Eisen, der andere der gesuchte Stabmagnet.

78) Das Wettrennen der Tiere

Der Vorsprung beträgt **67,5 Meter**.

Die naheliegende Antwort lautet $20 + 50 = 70$ Meter. Das ist jedoch leider falsch.

Stellen wir uns vor, die drei Tiere wären gemeinsam gestartet. Wenn der Hase das Ziel erreicht, liegt der Hund 20 Meter dahinter. Der Hund hat also in der Zeit, die der Hase für 400 Meter braucht, 380 Meter zurückgelegt. Der Rückstand der Katze zum Hund ist in diesem Moment kleiner als 50 Meter. Denn erst, wenn der Hund 400 Meter geschafft hat, beträgt sein Vorsprung 50 Meter.

Mit dem Dreisatz können wir berechnen, wie weit die Katze bis zu dem Moment gelaufen ist, in dem der Hase das Ziel erreicht.

Wir multiplizieren dazu den Weg des Hundes, 380 Meter, mit dem Faktor 350/400, dem Streckenverhältnis Katze zu Hund. Das Ergebnis lautet 332,5 Meter. Der Rückstand der Katze auf den Hasen beträgt deshalb $400 - 332{,}5 = 67{,}5$ Meter.

79) Abgefahren

Das Verhältnis von ICE- zu Regionalzug-Geschwindigkeit ist **2:1**.

Es gibt komplizierte Lösungswege, bei denen mit mehreren Variablen gerechnet werden muss. Eleganter ist die folgende Rechnung.

Die **noch zu fahrenden Strecken ab der Begegnung** stehen im umgekehrten Verhältnis zur Geschwindigkeit der Züge. Denn die zurückgelegten Strecken sind proportional zur Geschwindigkeit. Und die zurückgelegte Strecke des einen Zuges entspricht der noch zu fahrenden Strecke des anderen Zuges.

Die **verbleibenden Fahrzeiten pro Kilometer** stehen ebenfalls im umgekehrten Verhältnis zur Geschwindigkeit der Züge. Denn es gilt Zeit = Weg / Geschwindigkeit.

Insgesamt sind die Fahrzeiten ab der Begegnung bis zum Ziel deshalb **proportional zum Quadrat der umgekehrten Geschwindigkeiten**.

Deshalb müssen wir nur die Wurzel aus einer Stunde zu vier Stunden ziehen, das Reziprok bilden – und kommen auf das Ergebnis **2:1**.

80) Die Fliege im Glas

Eventuell wackelt der Balken der Waage ein wenig. Aber die Waage neigt sich weiterhin zur Seite des Glases mit der Fliege.

Beim Fliegen kompensiert das Insekt durch die Flügelbewegung sein Gewicht. Nur dank des permanenten Drückens von Luft nach unten kann sich die Fliege in der Schwebe halten. Die Luft übt dann eine zusätzliche Druckkraft auf den Glasboden aus, die dem Gewicht der Fliege entspricht. Ihre Gewichtskraft wirkt also weiterhin auf den Boden, obwohl sie nicht darauf sitzt.

Beim Starten ist die nach unten wirkende Kraft allerdings etwas größer als die Gewichtskraft. Denn die Fliege muss beim Aufsteigen etwas mehr kompensieren als nur ihr Körpergewicht. Auch beim Fliegen selbst schwankt die Kraft minimal, je nachdem, ob die Flügel sich nach unten oder nach oben bewegen.

81) Die Spritztour

Aliyah wäre **26 Minuten und 40 Sekunden** unterwegs.

Zunächst erscheint die Aufgabe kaum lösbar. Wir kennen weder die Streckenlänge noch die Fließgeschwindigkeit des Flusses. Aber das Problem lässt sich tatsächlich knacken.

Wir wissen: Geschwindigkeit ist Weg durch Zeit. Mit v bezeichnen wir die Geschwindigkeit des Bootes im Wasser (ohne Strömung), der Fluss hat die Strömungsgeschwindigkeit a. Die Strecke bis zum Felsen hat die Länge s.

Auf der Hinfahrt addieren sich die Geschwindigkeit des Bootes im Wasser und die Fließgeschwindigkeit:

$$v + a = \frac{s}{20\,\text{min}}$$

Auf dem Weg zurück müssen wir von der Geschwindigkeit des Bootes im Wasser die Fließgeschwindigkeit abziehen:

$$v - a = \frac{s}{40\,\text{min}}$$

Wir addieren die beiden Gleichungen und erhalten:

$$2v = \frac{s}{20\,\text{min}} + \frac{s}{40\,\text{min}}$$

$$2v = 3 \times \frac{s}{40\,\text{min}}$$

Wir formen das noch etwas um:

$$v = \frac{s}{\frac{1}{3} \times 80\,\text{min}}$$

Jetzt sind wir schon fast fertig. Im Wasser ohne Strömung gilt:

$$v = \frac{s}{t}$$

Und umgestellt nach t:

$$t = \frac{s}{v}$$

s/v können wir mit der Gleichung oben $v = s/(1/3 \times 80\ \text{min})$ direkt ausrechnen:

$$t = \frac{s}{v}$$

$$t = \frac{1}{3} \times 80\,\text{min}$$

$$t = 26\ \text{min}\ 40\ \text{sec}$$

Was wir nicht ausrechnen können, sind die Fließgeschwindigkeit a und die Geschwindigkeit des Boots im Wasser v. Aber die waren auch nicht gefragt.

82) Flüchtige Begegnung am Bahnsteig

Der Zug ist **140 Meter** lang.

26 Sekunden vergehen vom Erreichen des Bahnsteigs durch die Zugspitze bis zum Verlassen des Bahnsteigs durch das Zugende. Die Vorbeifahrt des Zuges an einem festen Punkt dauert 7 Sekunden.

Deshalb vergehen vom Erreichen bis zum Verlassen des Bahnsteigs durch die Zugspitze $26-7=19$ Sekunden. Weil der Bahnsteig 380 Meter lang ist, hat der Zug eine Geschwindigkeit von

$$380 \text{ m}/19 \text{ s} = 20 \text{ m}/\text{s}.$$

Wenn die Vorbeifahrt des gesamten Zuges 7 Sekunden dauert, muss der Zug $7 \text{ s} \times 20 \text{ m}/\text{s} = 140$ Meter lang sein.

83) Schnell ans Ziel

Vater und Tochter sind nach **6 Stunden und 40 Minuten** im Ziel.

Die Lösung erfordert keinen raffinierten Trick. Wir stellen zwei Gleichungen mit zwei Unbekannten auf und lösen sie. Wir nehmen an: Die Frau beginnt auf dem Rad und ihr Vater joggt. Sie könnten auch andersherum starten, solange sich für beide die jeweils gelaufene und geradelte Strecke nicht ändert. Dann ändert sich auch die Gesamtzeit nicht.

Wir nehmen an, die Frau radelt die Strecke a. Der Rest des Wegs hat die Länge b – dieses Stück legt sie joggend zurück. Ihr Vater joggt die Strecke a und radelt die Strecke b. Dann gilt:

$$a + b = 60$$

Weil beide zugleich starten und ankommen, gilt:

$$\frac{a}{6} + \frac{b}{12} = \frac{a}{12} + \frac{b}{8}$$

Wir nutzen dabei die Gleichung: Zeit = Weg / Geschwindigkeit.

Dieses Gleichungssystem lösen wir und erhalten $a = 20$ und $b = 40$. Beides sind Kilometerangaben. Als Gesamtzeit ergibt sich:

$$t = \frac{20\,\text{km}}{6\,\text{km/h}} + \frac{40\,\text{km}}{12\,\text{km/h}}$$

$$t = \frac{80\,\text{h}}{12}$$

$$t = 6\frac{2}{3}\,\text{h}$$

$$t = 6\text{ h } 40\text{ min}$$

84) Hund jagt Modelleisenbahn

Der Hund ist einen Weg von **120,7 Metern** gelaufen.

Die Aufgabe verwirrt, weil wir es mit so vielen Unbekannten zu tun haben: Wie weit fährt der Zug, bis der Hund seine Spitze erreicht? Wie schnell ist der Hund? Wie schnell der Zug?

Das Problem lässt sich jedoch ziemlich direkt lösen – mit nur einer einzigen Unbekannten. Wir teilen das Geschehen dazu in zwei Zeitabschnitte ein: zum einen der Zeitraum vom Loslaufen des Hundes und dem gleichzeitigen Starten des Zuges bis zu dem Moment, in dem der Hund die Lok an der Spitze erreicht. Und zum anderen der Zeitraum danach: vom Umkehren des Hundes, bis er wieder am Ende des Zuges angekommen ist.

Hund und Zug bewegen sich mit konstanter Geschwindigkeit. Deshalb ist das Verhältnis der vom Hund in Zeitraum 1 zurückgelegten Strecke zu seiner Strecke in Zeitraum 2 genauso groß wie das Verhältnis der Strecken, die der Zug in Zeitraum 1 und Zeitraum 2 gefahren ist.

Der Zug fährt im **ersten Zeitraum** die **Strecke x**, bis der Hund die Lok erreicht. Der Hund läuft in dieser Zeit die Strecke **50 + x**.

In **Zeitraum 2** läuft der Hund die Strecke **x** zurück, denn er erreicht das Zugende 50 Meter vom Startpunkt entfernt.

Der Zug kommt im zweiten Zeitraum auf eine Strecke von **50 – x**, denn insgesamt legt er in beiden Zeiträumen zusammen 50 Meter zurück. Also gilt für das Verhältnis der zurückgelegten Wege:

$$\frac{x}{50-x} = \frac{50+x}{x}$$

$$x^2 = 2500 - x^2$$

$$x^2 = 1250$$

$$x = 35{,}35\ldots$$

Die Gesamtstrecke des Hundes beträgt **50 + 2x = 120,7 Meter**.

85) Laufduell am Baggersee

Das Verhältnis der Geschwindigkeiten beträgt **61 / 59**.

Die Lösung ist einfacher, als man zunächst denkt. a und b sind die Geschwindigkeiten der beiden Frauen. Als Maßeinheit nutzen wir Runden pro Minute, das vereinfacht die weitere Rechnung.

In der ersten Trainingseinheit laufen beide je eine Minute und kommen zusammen auf eine Runde. Also gilt

$$a \times 1 \text{ min} + b \times 1 \text{ min} = 1 \text{ Runde}$$

Um besser rechnen zu können, lassen wir die Maßeinheiten einfach weg:

$$a + b = 1$$

In der zweiten Trainingseinheit laufen beide je 60 Minuten und eine Frau schafft eine Runde mehr. Dann gilt:

$$60a = 60b + 1$$

Nun stellen wir die obere Gleichung nach b um ($b = 1 - a$) und setzen sie in die untere Gleichung ein:

$$60a = 60(1 - a) + 1$$
$$120a = 61$$
$$a = \frac{61}{120}$$

Mit $a + b = 1$ erhalten wir

$$b = \frac{59}{120}$$

und für das Verhältnis der Geschwindigkeiten **61/59**.

86) Was macht das Fahrrad?

Das Fahrrad **rollt rückwärts**.

Dieses Rätsel taucht in diversen Büchern auf, teils auch mit einer falschen Lösung. Dass das Rad sich rückwärtsbewegt, wollte ich zunächst selbst nicht glauben. Ich hatte darauf getippt, dass es sich nicht bewegt. Dann bin ich mit einem Stück Bindfaden in den Keller gegangen und stellte staunend fest: Ja, es rollt wirklich rückwärts!

Dass das Rad nicht vorwärtsrollen kann, obwohl wir das Pedal ja in eine Richtung bewegen wie beim normalen Vorwärtsfahren, ist relativ leicht zu zeigen. Das Kettenblatt, das fest mit den Pedalen verbunden ist, hat üblicherweise mehr Zähne als das Ritzel am Hinterrad. Dreht sich das Kettenblatt einmal, rotiert das Ritzel und damit das gesamte Hinterrad je nach Übersetzung zwei- oder auch dreimal.

Das untere Pedal bewegt sich beim Vorwärtsfahren im Verhältnis zum Fahrrad rückwärts. Das Rad insgesamt bewegt sich beim Fahren natürlich vorwärts. Wegen der großen Übersetzung und des großen Durchmessers des Hinterrads bewegt sich auch das untere Pedal im Verhältnis zum Untergrund stets vorwärts – wenn auch nicht ganz so schnell wie das Rad insgesamt.

Eine Vorwärtsbewegung des Rades ist also mit einer Vorwärtsbewegung des unteren Pedals verbunden. Ziehe ich das untere Pedal nach hinten, ist eine Vorwärtsbewegung des Rades deshalb ausgeschlossen.

Was aber macht das Rad stattdessen? Bewegt es sich gar nicht? Oder rückwärts?

Es bewegt sich rückwärts – und auch die Pedale drehen sich rückwärts. Das zu verstehen, ist nicht gerade leicht. Eine anschauliche Erklärung habe ich in einem Video des Mathematikers George Hart gefunden (Link: https://youtu.be/aJhiY70KY5o).

Beim Vorwärtsfahren bewegen sich die Pedale – wie oben bereits erklärt – im Verhältnis zum Untergrund stets vorwärts, egal, ob sie sich gerade oben oder unten befinden. Werden die Pedale hingegen rückwärts bewegt und das Rad rollt rückwärts (das klappt mit einem Bahnrad ohne Freilauf – auch Fixie genannt), bewegen sich die Pedale im Verhältnis zum Boden permanent rückwärts. Diese Umkehrung der Vorwärtsbewegung zeigt Hart in seinem Video eindrücklich, indem er einen Clip mit Vorwärtsfahrt einfach rückwärts abspielt.

Es gibt aber auch eine Konstellation, in der das Rad sich beim Ziehen des Pedals nach hinten nicht rückwärts, sondern vorwärts bewegt. Die Übersetzung muss dabei so klein sein, dass die Rückwärtsbewegung des Pedals relativ zum Rad größer ist als die Vorwärtsbewegung des Rades insgesamt.

87) Drei Euro, drei Würfel

Das Spiel ist **unfair**, langfristig gewinnt das Casino. Alles andere wäre auch verwunderlich, denn Casino-Betreiber können im Unterschied zu den meisten ihrer Gäste sehr gut rechnen.

Stellen wir uns vor, sechs Personen spielen das Spiel. Jede Person setzt einen Euro – aber jede nimmt eine andere Zahl. Dann sind drei verschiedene Ausgänge möglich:

1) Alle drei Würfel haben unterschiedliche Augenzahlen. Drei Spieler behalten ihren gesetzten Euro und gewinnen noch einen dazu. Die anderen drei Spieler verlieren je einen Euro. Vor dem Spiel hatten die sechs Personen sechs Euro – danach auch. In diesem Fall ist das Spiel fair.
2) Eine Augenzahl ist doppelt, eine einmal vertreten. Vier Spieler verlieren ihren gesetzten Euro. Ein Spieler gewinnt zu seinem gesetzten Euro zwei Euro dazu, der andere nur einen. Die sechs Spieler haben nach dem Spiel nur noch fünf Euro – machen also zusammen einen Verlust von einem Euro.
3) Eine Augenzahl tritt dreimal auf. Fünf Spieler verlieren ihren gesetzten Euro. Ein Spieler gewinnt zu seinem gesetzten Euro drei Euro dazu. Die Spieler machen deshalb zusammen ein Minus von zwei Euro.

Das Spiel ist unfair, weil nur in einem der drei Fälle die Chancen zwischen Spielern und Casino gleich verteilt sind. Sobald eine Augenzahl doppelt oder dreifach auftritt, profitiert das Casino. Und weil doppelte und auch dreifache Augenzahlen immer wieder auftreten, ist das Casino auch insgesamt im Vorteil.

88) Passt eine CD durch ein deutlich kleineres Loch?

Die CD passt tatsächlich durch die Öffnung. Sie müssen das Papier dazu jedoch sehr geschickt falten.

Der Trick besteht darin, dass durch das Falten zwei benachbarte Kanten des Quadrats, die in einem Winkel von 90 Grad zueinander stehen, aufgebogen werden, bis der Winkel 180 Grad beträgt. Dadurch entsteht ein Schlitz mit einer Länge der doppelten Kantenlänge des Quadrats, also 2×7 cm = 14 cm. Durch diesen Schlitz passt dann auch die CD mit einem Durchmesser von 12 cm. Wo genau die Faltkanten liegen, zeigt folgendes Bild:

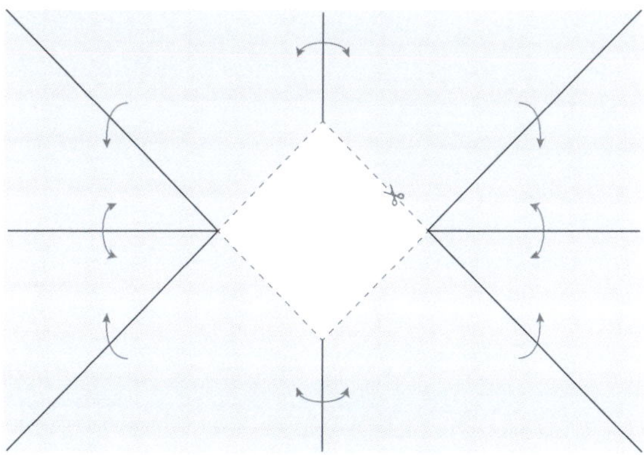

Sie können auch eine PDF-Vorlage mit eingezeichneten Faltkanten herunterladen unter der URL: https://t.ly/rsD0e

89) Spaghetti-Dreieck gesucht

Die Wahrscheinlichkeit beträgt **ein Viertel**.

Es ist offensichtlich, dass keines der drei Segmente länger sein darf als die Hälfte der ursprünglichen Länge des Spaghetto. Denn in einem Dreieck sind die Längen von zwei Seiten zusammen stets größer als die Länge der dritten Seite.

Folgendes Diagramm zeigt die Lage der zwei Punkte, an denen die Nudel zerbrochen wird, sodass drei Teilstücke entstehen. Der Einfachheit halber nehmen wir an, dass die Nudel eine Länge von 1 hat. Die x-Achse zeigt die Lage des ersten Bruchpunkts, die y-Achse den zweiten Bruchpunkt. Beide können Werte von 0 bis 1 annehmen.

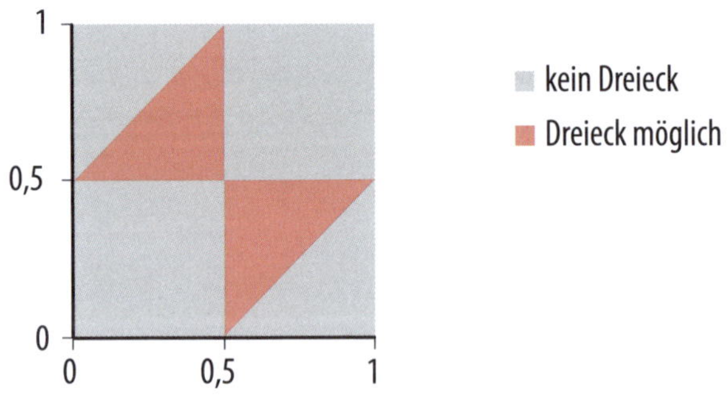

Wenn beide Bruchpunkte zugleich unterhalb oder zugleich oberhalb von 0,5 liegen, ist ein Segment auf jeden Fall länger als 0,5. Dann ist kein Dreieck möglich. Diese Flächen sind im Diagramm durch graue Quadrate dargestellt – es sind die Quadranten links unten und rechts oben.

Damit überhaupt ein Dreieck entstehen kann, muss ein Bruchpunkt zwischen 0 und 0,5 liegen und der zweite zwischen 0,5 und 1.

Doch auch hier führen nicht alle Varianten zum Ziel. Der Abstand zwischen den beiden Bruchpunkten darf schließlich nicht größer sein als 0,5. Ansonsten wäre das Segment in der Mitte ja länger als die anderen beiden Stücke zusammen und es ließe sich kein Dreieck legen. Wenn x zwischen 0 und 0,5 liegt, darf y also nicht größer sein als $x + 0{,}5$. Befindet sich x im Bereich 0,5 bis 1, darf y wiederum nicht kleiner sein als $x - 0{,}5$.

Die rosafarbenen Flächen im Diagramm markieren die Konstellationen aus x und y, die ein Dreieck ermöglichen. Graue Flächen stehen für eine Segmentaufteilung, bei der kein Dreieck entstehen kann.

Der Anteil der rosafarbenen Flächen an der Gesamtfläche beträgt **ein Viertel** – dies ist auch die gesuchte Lösung.

90) Die Monsterzahl und ihre zwei Nicht-Teiler

Die beiden Nummern sind **127 und 128**.

Wir nutzen für die Lösung die Tatsache, dass sich jede natürliche Zahl als **Produkt von Primzahlen** darstellen lässt, sofern sie nicht selbst eine Primzahl ist.

Mit etwas Nachdenken finden wir heraus, dass die gesuchten zwei Zahlen nicht kleiner als 100 sein können. Denn für jede Zahl kleiner als 100 gibt es ein ganzzahliges Vielfaches im Intervall von 100 bis 200. Würden zwei Personen mit Nummern kleiner als 100 »Nein«

sagen, müsste es auch mindestens zwei Personen mit Nummern größer als 100 geben, die »Nein« sagen. Denn ihre Nummern wären ganzzahlige Vielfache der beiden zweistelligen Zahlen. Eine große Zahl, die durch eine zweistellige Zahl nicht teilbar ist, kann nicht zugleich durch ein Mehrfaches dieser zweistelligen Zahl teilbar sein.

Aber das hilft uns nur ein kleines Stück weiter. Zur Lösung führt die folgende Überlegung: Von zwei aufeinanderfolgenden natürlichen Zahlen muss eine Zahl durch 2 teilbar sein. Eine der beiden gesuchten Nummern ist also ein Vielfaches von 2. Wir nennen sie n. Tatsächlich muss n sogar eine **Zweierpotenz** sein. Also gilt:

$$n = 2^i$$

Sobald n mindestens einen anderen Primfaktor als 2 enthält, kann die Person mit der Nummer n nicht mehr »Nein« sagen. Warum nicht?

Wir schreiben n als Produkt der Potenz des Primfaktors 2 und einer zweiten Zahl k, deren Primzahlzerlegung keine 2 enthält (k kann selbst auch eine Primzahl größer als 2 sein). Dann gilt:

$$n = 2^i \times k$$

Weil alle Personen mit Nummern kleiner als n beziehungsweise kleiner als $n-1$ »Ja« gesagt haben und 2^i sowie k kleiner sind als $n-1$ und n, sind sowohl 2^i als auch k Teiler der großen Zahl an der Tafel. Die große Zahl enthält als Faktoren also 2^i und k, wobei in k der Faktor 2 nicht enthalten ist. Dann muss die große Zahl an der Tafel auch durch das Produkt $2^i \times k$ teilbar sein. Also kann die Person mit der Nummer $n = 2^i \times k$ nicht »Nein« gesagt haben. Eine Lösung ist im Falle $n = 2^i \times k$ nicht möglich.

Die gesuchte gerade Zahl n muss also eine Potenz von 2 sein. Genauer gesagt: die größtmögliche Potenz von 2. Und das ist im Intervall bis 200 die Zahl 128.

Die zweite gesuchte Zahl ist dann entweder der Vorgänger oder der Nachfolger von $128 = 2^7$. 129 kann es nicht sein, denn es gilt: $129 = 3 \times 43$ (Primzahlzerlegung). Die Monsterzahl ist ja durch 3 und 43 teilbar (die Personen mit diesen Nummern haben »Ja« gesagt) – daher müsste die Zahl an der Tafel auch durch 3×43 teilbar sein.

Bleibt nur noch die 127. Dies ist eine Primzahl. Und damit haben wir auch die Lösung gefunden. Die Zahl an der Tafel ist durch 2^6 teilbar, nicht aber durch $128 = 2^7$. Und auch nicht durch die Primzahl 127.

91) Clever gefragt

Die Frau nimmt einen Stapel Spielkarten aus ihrer Tasche, zieht davon eine, ohne sie sich anzuschauen, und hält sie mit der Vorderseite dem Mann entgegen.

»Ist das ein Ass?«, fragt sie ihn.

Wenn sie die Antwort gehört hat, dreht sie die Karte um und sieht sofort, ob der Mann gelogen hat oder nicht.

Mehrere Leserinnen und Leser haben eine andere Frage vorgeschlagen, die ohne den Trick mit den Spielkarten auskommt. Sie lautet:

»Würde eine Person, die nicht zu deiner Gruppe gehört, dich als Lügnerin bezeichnen?«

Wenn der Mann ein Lügner ist, würde die andere Person, die dann immer die Wahrheit sagt, ihn deshalb zutreffenderweise als Lügner bezeichnen. Die wahre Antwort auf die gestellte Frage wäre also »Ja«. Weil der Mann aber ein Lügner ist, antwortet er mit »Nein«.

Sagt der Mann hingegen stets die Wahrheit, muss die andere Person lügen und dementsprechend den Mann fälschlicherweise als Lügner bezeichnen. Die Antwort des Mannes lautet dann »Ja«.

Diese Lösung passt jedoch nicht ganz zur Aufgabenstellung, weil die *wahre Antwort* in beiden Fällen gleich ist (»Ja«). Nur weil der Mann im ersten Fall selbst ein Lügner ist, antwortet er mit »Nein«.

Die vorgeschlagene Lösung könnte funktionieren, wenn der Aufgabentext leicht angepasst wird. Statt

»Die Frau darf die richtige, also die der Wahrheit entsprechende Antwort darauf nicht kennen, wenn sie ihre Frage stellt«

müsste es heißen:

»Die Frau darf die Antwort darauf nicht kennen, wenn sie ihre Frage stellt.«

Ein so formuliertes Rätsel hätte dann aber auch eine weniger komplizierte Lösung – zum Beispiel die Frage: »Ist 1 + 1 gleich 2?« Der Lügner antwortet »Nein«, der die Wahrheit Sagende »Ja«.

92) Paul gewinnt zu oft

Martha kann ihre Gewinnchancen **auf 50 Prozent erhöhen**, wenn sie die unten beschriebene Strategie benutzt. In der ursprünglichen Version des Spiels gewinnt Paul mit einer Wahrscheinlichkeit von **75 Prozent**.

Zunächst zur ursprünglichen Version: Mit einer Wahrscheinlichkeit von je 50 Prozent ist eine Zufallszahl kleiner oder größer (oder gleich) 0,5. Da zwei Zufallszahlen gezogen werden, gibt es folgende vier Möglichkeiten, die alle eine Wahrscheinlichkeit von 25 Prozent haben:

- Zahl 1 ist kleiner als 0,5 und Zahl 2 größer/gleich 0,5 (Paul gewinnt immer)
- Zahl 1 ist größer/gleich 0,5 und Zahl 2 kleiner als 0,5 (Paul gewinnt immer)
- Zahl 1 und 2 sind kleiner als 0,5 (Paul gewinnt mit einer Wahrscheinlichkeit von 50 Prozent)
- Zahl 1 und 2 sind größer/gleich 0,5 (Paul gewinnt mit einer Wahrscheinlichkeit von 50 Prozent)

Rechnen wir die vier Fälle zusammen, kommen wir auf 75 Prozent.

Wie kann Martha ihre Siegchancen auf 50 Prozent erhöhen? Sie wählt von den beiden Zahlen jene aus, die den kleinsten Abstand zu 0,5 hat. Diese Zahl zeigt sie Paul. Wenn die gewählte Zahl einen Abstand von a zu 0,5 hat, liegt die zweite Zahl entweder im Intervall von 0 bis 0,5 – a oder im Intervall von 0,5 + a bis 1. Im ersten Fall ist die zweite Zahl kleiner, im zweiten Fall ist sie größer.

Welcher der beiden Fälle zutrifft, kann Paul nicht wissen. Seine bisherige Strategie funktioniert nicht mehr. Denn mit einer Wahrscheinlichkeit von 50 Prozent ist die zweite Zahl größer oder kleiner als die von Martha gewählte, unabhängig davon, ob die von Martha gewählte Zahl größer/gleich oder kleiner als 0,5 ist. Selbst wenn Paul Marthas Strategie durchschaut hat, hilft ihm das nicht weiter.

93) Der Kartentrick

Es müssen höchstens **zehnmal Karten getauscht werden**.

Zunächst eine allgemeine Überlegung: Es gibt in jedem Stapel bestehend aus zehn Karten mindestens eine Farbe, die viermal oder häufiger darin vertreten ist. Warum ist das so? Wäre jede der drei Farben in einem Stapel maximal dreimal vorhanden, käme man nicht auf insgesamt zehn Karten.

Wir machen nun eine Fallunterscheidung und beginnen mit dem einfachen Fall:

In einem Stapel kommt eine Farbe fünfmal oder häufiger vor.

Dann müssen wir höchstens fünf Karten tauschen, bis in diesem Stapel alle zehn Karten dieselbe Farbe haben. Übrig bleiben zwei Stapel, in denen nur noch die zwei anderen Farben vorkommen. Im ungünstigsten Fall sind beide Farben in beiden Stapeln je fünfmal vorhanden. Wir benötigen deshalb maximal fünf weitere Schritte, bis auch diese beiden Stapel einfarbig sind. Insgesamt sind deshalb **höchstens zehn Schritte** nötig.

Nun zum zweiten Fall:

Die maximale Anzahl der Karten einer Farbe beträgt in allen drei Stapeln vier.

Wir müssen dann in jedem Fall **sechs Karten tauschen**, bis der erste Stapel einfarbig ist. Wenn in den zwei anderen Stapeln die verbleibenden zwei Farben dann je fünfmal auftreten, wären fünf weitere Schritte nötig, insgesamt also elf. Doch wir können diese Konstellation verhindern, wie wir gleich sehen werden. Teils benötigen wir sogar insgesamt nur neun Schritte.

Wir schauen uns die drei möglichen Farbverteilungen an:

1) In allen drei Stapeln sind eine Farbe vierfach und zwei Farben dreifach.
2) Die Konstellation vierfach, vierfach, zweifach tritt in nur einem Stapel auf – in den anderen beiden Stapeln lautet sie vierfach, dreifach, dreifach.
3) In allen drei Stapeln sind zwei Farben vierfach und eine Farbe zweifach.

In der **Verteilung 1** benötigen wir nur neun Schritte, bis alle drei Stapel einfarbig sind – siehe folgende Skizze:

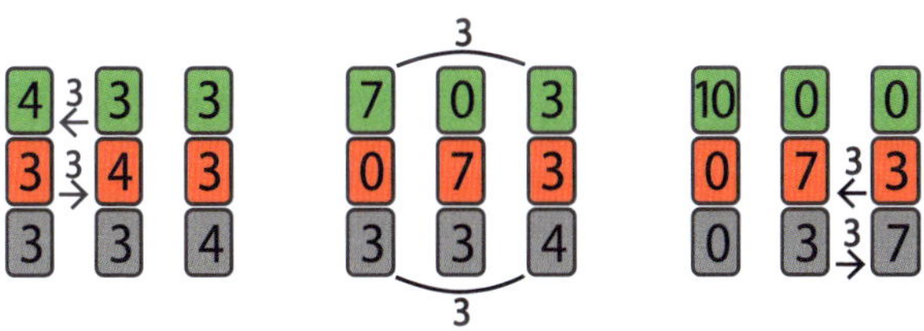

Verteilung 2 erfordert zwingend zehn Schritte. Es gibt dabei mehrere Optionen, eine davon ist hier dargestellt:

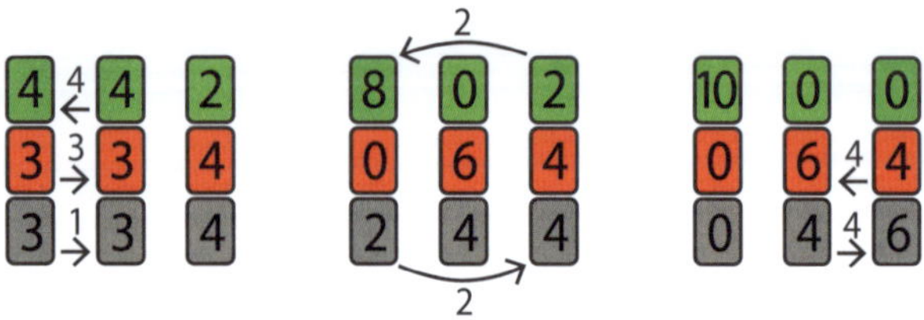

In der **Verteilung 3** schaffen wir das Sortieren der Farben ebenfalls nur in zehn Schritten. Eine Lösungsvariante zeigt folgende Zeichnung.

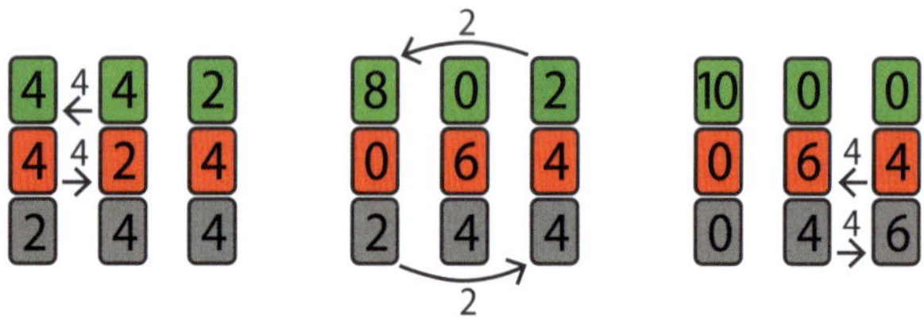

Damit haben wir bewiesen, dass wir im Höchstfall zehn Schritte brauchen, um die Stapel nach Farben zu sortieren.

94) Verblüffender Zifferntausch

Die kleinste Lösung hat 18 Stellen und lautet:
105.263.157.894.736.842

Wir stellen die gesuchte Zahl dar als Summe 10a + b. b ist dabei eine einstellige natürliche Zahl größer als null. a ist eine n-stellige natürliche Zahl. Die gesuchte Zahl $10a+b$ hat dann $n+1$ Stellen. Um die Bedingungen der Aufgabe zu erfüllen, muss Folgendes gelten:

$$(10a+b)\times 2 = 10^n \times b + a$$
$$20a + 2b = 10^n \times b + a$$
$$a = b \times \frac{10^n - 2}{19}$$

b ist eine einstellige natürliche Zahl größer null und deshalb nicht durch 19 teilbar. Daraus folgt, dass $10^n - 2$ durch 19 teilbar sein muss, nur dann ist a ganzzahlig. Wenn wir die kleinste Zahl suchen, welche die Bedingungen der Aufgabe erfüllt, sollten wir also zunächst die kleinste Zahl n finden, für die $10^n - 2$ durch 19 teilbar ist. Oder anders gesagt:

10^n muss beim Dividieren durch 19 den Rest 2 lassen.

Die Suche ist nicht so kompliziert, wie es zunächst erscheint. Wir müssen keinesfalls gigantische Zehnerpotenzen durch 19 dividieren. Wenn wir den Rest von 10^n beim Teilen durch 19 kennen, können wir den Rest von 10^{n+1} leicht ermitteln, indem wir den Rest von 10^n mit 10 multiplizieren und den Rest dieser Zahl beim Teilen durch 19 ausrechnen.

Beginnen wir mit $n=1$. 10^1 hat beim Teilen durch 19 den Rest 10. Weiter mit $n=2$. 10^2 hat beim Teilen durch 19 den zehnfachen Rest von 10^1 – also $10\times 10=100$. Davon ziehen wir die Vielfachen von 19 ab und kommen auf den Rest 5 ($5\times 19=95$, $100-95=5$).

Nun zu $n=3$. 10^3 hat beim Teilen durch 19 den zehnfachen Rest von 10^2 – also $10\times 5=50$. Davon ziehen wir wieder die Vielfachen von 19 ab und kommen auf den Rest 12 ($2\times 19=38$, $50-38=12$).

Dieses Verfahren wiederholen wir immer wieder, bis wir hoffentlich irgendwann auf einen Rest von 2 stoßen. Und das geschieht tatsächlich bei n=17, wie folgende Tabelle zeigt (ich habe sie mit Excel erstellt, es geht aber auch per Hand):

Reste von Zehnerpotenzen beim Teilen durch 19

n	Rest 10^{n-1}	$10 \times$ Rest 10^{n-1}	Rest 10^n
1			10
2	10	100	5
3	5	50	12
4	12	120	6
5	6	60	3
6	3	30	11
7	11	110	15
8	15	150	17
9	17	170	18
10	18	180	9
11	9	90	14
12	14	140	7
13	7	70	13
14	13	130	16
15	16	160	8
16	8	80	4
17	4	40	2

Zurück zur Ausgangsfrage: Wir suchen die kleinste Zahl $10a + b$, die halb so groß ist wie $10^n \times b + a$. Damit diese Bedingung erfüllt ist, muss gelten $a = b \times (10^n - 2)/19$.

Die Zahl a ist das Produkt von b, einer einstelligen Zahl, und $(10^n-2)/19$. $n=17$ ist die kleinstmögliche Zahl für n, für die a ganzzahlig ist. Die beiden gesuchten Zahlen müssten also mindestens 18-stellig sein. Wenn wir dazu noch die kleinstmögliche Zahl b finden, haben wir die Lösung.

Beginnen wir mit $b=1$. Für a erhalten wir die Zahl

5.263.157.894.736.842

Diese hat 16 Stellen. Wenn wir rechts noch die Ziffer b anfügen, erhalten wir die 17-stellige Ausgangszahl:

52.631.578.947.368.421

Das Doppelte dieser 17-stelligen Zahl ist die 18-stellige Zahl

105.263.157.894.736.842

Spätestens hier sehen wir, dass dies keine Lösung ist. a müsste 17-stellig sein, damit $10a+b$ 18-stellig ist und nach dem Verschieben der letzten Ziffer ganz nach vorn wieder eine 18-stellige Zahl entsteht. Wenn wir die 1 von

52.631.578.947.368.421

ganz nach vorn schieben, müssen wir vor der 5 zusätzlich eine 0 einfügen, damit die Rechnung aufgeht.

Mit der nächstgrößeren Zahl $b=2$ bekommen wir aber eine Lösung, bei der alles passt:

a = 10.526.315.789.473.684 (17-stellig)
10a + b = 105.263.157.894.736.842 (18-stellig)
(10a + b) × 2 = 210.526.315.789.473.684

Die kleinste Lösung hat 18 Stellen und lautet:

105.263.157.894.736.842

95) Fairness am Kaffeetisch

Bei **zwei Personen** ist die Sache einfach: Person eins zerschneidet die Torte in zwei Hälften. Person zwei darf sich dann ihre Hälfte aussuchen, die andere geht an Person eins.

Der Clou besteht darin, dass Person eins sich darum bemüht, dass beide Hälften tatsächlich gleich groß sind. Wäre eine größer als die andere, könnte die zweite Person das erkennen und diese Hälfte wählen.

Nun zum allgemeinen Fall mit **n Personen**. Es gibt sicher nicht nur die eine Strategie. Die folgende finde ich ziemlich raffiniert.

Die erste Person schneidet ein Stück ab, von dem sie glaubt, dass es 1/n der gesamten Torte groß ist. Nun darf Person zwei das abgeschnittene Stück begutachten. Ist sie der Meinung, dass es größer als 1/n ist, darf sie davon noch ein Stückchen abschneiden.

Ganz gleich, ob Person zwei etwas abschneidet oder nicht – nach ihr ist Person drei dran. Auch sie begutachtet das Stück und darf etwas davon abschneiden, muss das aber nicht tun. So kommt eine Person nach der anderen dran bis zur letzten Person mit der Nummer n.

Das Stück, das Person eins abgeschnitten hat und danach eventuell von einer oder mehreren anderen Personen weiter beschnitten wurde, geht schließlich an die Person, die zuletzt etwas davon abgeschnitten hat. Das kann Person eins sein, falls niemand sonst zum Messer gegriffen hat – oder eine der anderen Personen neben ihr am Tisch.

Dieses Verfahren wird so oft wiederholt, bis der Kuchen völlig aufgeteilt ist. Es stellt sicher, dass jede Person ein Stück bekommt, das nach Einschätzung derjenigen, die selbst noch kein Stück bekommen haben, nicht größer als 1 / n ist.

Tatsächlich könnte eine oder könnten mehrere Personen ein Stück bekommen, das größer ist. Aber die übrigen Personen hatten die Chance, dies zu verhindern.

96) Eine Karte macht den Unterschied

Die **kleinstmögliche Zahl für n ist 23**. Aliyah hat 23 Karten – damit gelingt die gewünschte Sortierung. Mit den 22 Karten von Beatrix hingegen ist keine Lösung möglich.

Bei den einstelligen Nummern von 1 bis 9 (Fall $n < 10$) gibt es keinerlei Schwierigkeiten, diese anzuordnen. Die Probleme beginnen, wenn n zweistellig wird. Schauen wir uns zunächst den Fall **n = 19** an:

Die Zahlen 1 sowie 10 bis 19 enthalten sämtlich die Ziffer 1. Das sind insgesamt 11 Zahlen, von denen keine zwei nebeneinanderliegen dürfen, weil sie alle die Ziffer 1 enthalten. Da alle 11 Karten in der Reihe auftauchen – aber nicht unmittelbar benachbart, müssen in die 10 Lücken zwischen den 11 Karten andere Karten gelegt werden, bei denen die Ziffer 1 nicht vorkommt.

Bei insgesamt 19 Karten stehen die Karten von 2 bis 9, also 8 Karten als Lückenfüller zur Verfügung. Das reicht aber nicht, wir müssen bekanntlich 10 Lücken füllen. Für n=19 lässt sich das Problem deshalb nicht lösen. Übrigens, auch nicht für **n=18**, dafür aber für **n=17** und kleinere Zahlen.

Also erhöhen wir die Zahl der Karten über n=19 hinaus und schauen, was passiert.

Bei **20 Karten** müssen weiterhin 10 Lücken zwischen 1, 10, 11, 12, ..., 19 gefüllt werden, zur Verfügung stehen dafür aber mit 2 bis 9 und 20 insgesamt nur 9 Karten. Eine zu wenig.

Im Falle **n=21** kommt eine weitere Karte mit der Ziffer 1 hinzu. Es gibt dann zwischen den 12 Zahlen 1, 10, 11, ..., 19, 21 insgesamt 11 Lücken. Weiterhin haben wir nur 9 Karten als Lückenfüller – zwei zu wenig.

Bei **n=22** fehlt immer noch eine Karte, um alle 11 Lücken zu füllen. Mit **23 Karten** aber haben wir zumindest theoretisch genug Karten: 2 bis 9, 20, 22, 23 – das sind zusammen 11 Karten für 11 Lücken.

Dass im Fall **n=23** tatsächlich Lösungen existieren, zeigt folgendes Beispiel:

1, 2, 10, 3, 11, 4, 12, 5, 13, 6, 14, 7, 15, 9, 16, 20, 17, 22, 18, 23, 19, 8, 21

Damit haben wir mit **n=23** die kleinstmögliche Zahl gefunden, mit der Aliyah die Karten wie gewünscht anordnen kann – Beatrix mit einer Karte weniger jedoch nicht.

97) Alles Einsen

Die kleinstmögliche Lösung lautet: **8547 mal 13=111.111**. Es gibt unendlich viele weitere Lösungen – mehr dazu unten.

Wir schauen uns an, auf welche Ziffer Vielfache von 13 enden:

Faktor	**Ergebnis**	**letzte Ziffer**
1	13	3
2	26	6
3	39	9
4	42	2
5	65	5
6	78	8
7	91	1
8	104	4
9	117	7
10	130	0

Damit die letzte Ziffer eine 1 ist, müssen wir 13 mit 7 multiplizieren. Die **letzte Ziffer der gesuchten Zahl** haben wir damit bereits gefunden – es ist die **7**.

Wir arbeiten uns nun systematisch von der letzten Ziffer der gesuchten Zahl immer weiter nach vorn, wobei wir darauf achten, dass die hinteren Ziffern des Ergebnisses der Multiplikation mit 13 sämtlich Einsen sind.

13 mal 7 ist 91. Damit auch die vorletzte Ziffer des Ergebnisses eine 1 ist, muss die **vorletzte Ziffer** der gesuchten Zahl eine **4** sein. Nur dann endet das Produkt aus 13 und der vorletzten Ziffer auf 2, sodass sich 9 und 2 zu 11 addieren und die vorletzte Ziffer des Ergebnisses ebenfalls eine 1 ist. Die gesuchte Zahl endet also auf **47**.

47 mal 13 ist 611. Das Produkt aus **drittletzter Ziffer** der gesuchten Zahl und 13 muss also auf 5 enden, damit auch die drittletzte Ziffer des Ergebnisses eine 1 ist. Die drittletzte Ziffer der gesuchten Zahl ist daher eine **5**, die gesuchte Zahl endet auf **547**.

547 mal 13 ist 7111. Die **viertletzte Ziffer** der gesuchten Zahl muss eine **8** sein. Denn 8 mal 13 endet auf 4 und 4 + 7 ergibt 11.

8547 mal 13 ist 111.111. Damit haben wir die kleinstmögliche Lösung bereits gefunden.

Es gibt noch mehr Lösungen, die wir aus der Lösung 8547 ableiten können. Wenn wir 8547 mit 1.000.000 multiplizieren und danach mit 13, erhalten wir als Ergebnis 111.111.000.000. Wir addieren nun einfach 8547 mal 1.000.000 und 8547 und erhalten die nächstgrößere Lösung:

8.547.008.547 mal 13 = **111.111.111.111**

Analog können wir auch einen Faktor konstruieren, der multipliziert mit 13 eine 18-stellige Zahl bestehend nur aus Einsen ergibt – oder eine 24-stellige. Jede beliebige Zahl, die ausschließlich aus Einsen besteht und deren Ziffernanzahl durch 6 teilbar ist, ist durch 13 teilbar.

98) Perfekt geteilt

Es gibt **keine Schnittlinie**, die kürzer ist als der Tortendurchmesser.

Die Schnittlinie beginnt und endet auf dem Rand der Torte. Sofern die direkte Verbindung dieser beiden Endpunkte durch den Tortenmittelpunkt verläuft, ist klar, dass die Schnittlinie mindestens so lang sein muss wie der Durchmesser. Denn die Schnittlinie verbindet beide Punkte und die kürzestmögliche Verbindung zwischen ihnen entspricht dem Durchmesser.

Aber Anfangspunkt A und Endpunkt B müssten nicht auf einem Durchmesser liegen – ihre direkte Verbindung kann auch kürzer sein. Folgende Skizze zeigt auf der linken Seite eine solche Schnittlinie in roter Farbe. Wir zeichnen zusätzlich einen Durchmesser ein, der parallel zur Verbindung der beiden Punkte A und B ist.

Die rote Linie muss auf jeden Fall den Durchmesser schneiden. Läge sie vollständig unterhalb des Durchmessers, wäre das Tortenstück oberhalb der roten Linie auf jeden Fall größer als das unterhalb, was aber nicht sein darf. Den am weitesten links liegenden Schnittpunkt der roten Linie mit dem Durchmesser nennen wir P.

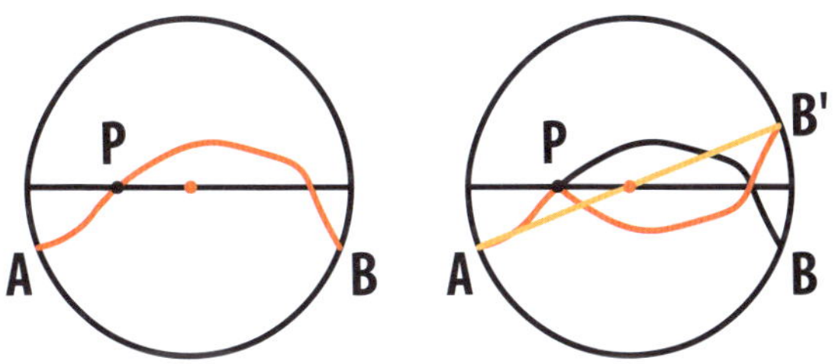

Lösungen

Wir spiegeln nun den Teil der roten Linie, die rechts von P liegt, am Durchmesser – siehe Skizze oben rechts. Auch der Punkt B wird gespiegelt – so erhalten wir den Punkt B'. Die neue rote Schnittlinie ist genauso lang wie die ursprüngliche. Sie verbindet die Punkte A und B', deren kürzeste Verbindung der Kreisdurchmesser ist. Damit haben wir bewiesen, dass eine Verbindung von A und B, die die Torte halbiert, mindestens so lang ist wie der Tortendurchmesser.

99) Rechenspiele in der Kantine

Selma hatte **9,54 Euro** eingesteckt, als sie in die Kantine gegangen ist.

Meine eigene Lösung war etwas lang. Der Leser Gerhard Fuchs hat folgende Lösung gefunden: Mit den drei Ziffern a, b, c sind die sechs Kombinationen abc, acb, bac, bca, cab, cba möglich.

abc soll die Anfangskombination sein, also der Geldbetrag, mit dem Selma die Kantine betritt und der der Summe von Essenspreis und Restgeld entspricht. Für die beiden Summanden kommen nur acb, bac, bca, cab oder cba infrage.

Dabei fällt acb weg, da der zweite Summand sonst zweistellig sein müsste. Auch bac entfällt, weil sonst der zweite Summand am Ende eine Null haben müsste.

Es bleiben folgende drei Möglichkeiten:

1) abc = bca + cab

Wenn $c = a + b$, folgt

$a = b + c +$ möglicher Rest 1
$a = a + 2b +$ möglicher Rest 1 – das ist nicht möglich!

Wenn $a + b = c + 10$, folgt

$b\ (+10) = c + a + 1$
$b\ (+10) = 2a + b - 9 \rightarrow 2a = 9\ (+10)$ – das ist ein Widerspruch, da a ganzzahlig sein muss!

(Das +10 in der Klammer steht für den Fall, dass $c + a + 1 > 9$ ist.)

2) abc = bca + cba

Wenn $c = a + a$, folgt

$a = b + c +$ möglicher Rest 1
$a = 2a + b +$ möglicher Rest 1 – das ist nicht möglich!

Wenn $a + a = c + 10$, folgt

$b\ (+10) = c + b + 1$
$b\ (+10) = 2a + b - 9 \rightarrow 2a = 9\ (+10)$ – das ist ein Widerspruch, da a ganzzahlig sein muss!

3) abc = cab + cba

Wenn $c = b + a$, folgt

$a = c + c +$ möglicher Rest 1
$a = 2a + 2b +$ möglicher Rest 1 – das ist nicht möglich!

Also gilt: $c + 10 = b + a$ und damit

$$b\,(+10) = a + b + 1$$

Diese Gleichung hat nur eine positive Lösung für a, wenn $a + b + 1$ tatsächlich > 9 ist, links also $+10$ steht. Also gilt:

$b + 10 = a + b + 1$
$\rightarrow a = 9$
Aus $2c + 1 = a$ folgt
$c = 4$ und $b = 5$

Demnach ist abc = **954** = **495** + **459**.

100) Perfekte Logik

Ja, mit strenger Logik ist die Aufgabe lösbar. Die Spielleiterin hört **von Alena viermal** und von **Bela dreimal** ein **»Nein«**. Die insgesamt **achte Antwort**, die dann von **Bela** kommt, lautet **»Ja«.**

Das Rätsel ist sehr schwierig. Ich hatte zunächst eine Lösung präsentiert, an der ich später jedoch Zweifel bekam und sie deshalb zurückgezogen habe. Aber Alena und Bela können das Problem tatsächlich lösen, wenn sie sich genau überlegen, was der jeweils andere weiß und was sie gemeinsam wissen (Common Knowledge).

Nach einem längeren Austausch mit mehreren Lesern folgt hier nun eine Lösung, die ich für vergleichsweise gut verständlich halte.

Die Formalien: a ist Alenas Zahl, b die von Bela. Es gilt entweder $a+b=24$ oder $a+b=27$, a und b sind positiv.

Wir beginnen nicht mit $a=12$ und $b=12$, sondern überlegen uns, für welche anderen Zahlenkonstellationen eine Lösung in nur wenigen Schritten existiert. Von da arbeiten wir uns Schritt für Schritt vor bis zu $a=12$, $b=12$.

1) Der einfachste Fall ist: **a=3, b=24**. Alena sieht die 24 bei Bela. Weil die Summe 24 oder 27 sein muss und die Zahlen positiv sind, kommt nur a=3 als Lösung infrage. Alena sagt »Ja«.
2) Weiter geht es mit **a=3, b=21**. Alena sieht bei Bela eine 21 und weiß, dass entweder gilt a=3 oder a=6. Sie muss deshalb »Nein« sagen. Bela sieht eine 3 bei Alena. Seine Zahl könnte also 21 oder 24 sein. Wäre b=24, hätte Alena jedoch »Ja« gesagt und nicht »Nein«. Daraus folgert Bela: b ist 21 und antwortet »Ja«. Die Antwortsequenz ist: Nein – Ja.
3) Der nächste Fall lautet **a=6, b=21**. Alena sieht bei Bela eine 21 und weiß, dass entweder gilt a=3 oder a=6. Sie muss deshalb »Nein« sagen. Bela sieht eine 6 bei Alena. Seine Zahl könnte also 18 oder 21 sein. Er muss »Nein« sagen. Nun ist Alena wieder an der Reihe. Sie weiß, dass sie entweder eine 3 oder eine 6 hat. Wäre **a=3** und **b=21,** hätte Bela jedoch in seiner ersten Antwort »Ja« gesagt – siehe vorheriger Fall 2). Aus Belas »Nein« kann Alena folgern, dass gilt: a=6. Sie sagt »Ja«. Die Antwortsequenz lautet: Nein – Nein – Ja.
4) **a=6, b=18**: Alena sieht eine 18 und weiß, dass entweder gilt a=6 oder a=9. Sie sagt »Nein«. Bela sieht eine 6. Also ist b=18 oder b=21. Bela sagt »Nein«. Alena hilft das nicht weiter, für sie gilt weiterhin a=6 oder a=9. Sie sagt »Nein«. Doch nun kann Bela »Ja« sagen und weiß, dass b gleich 18 ist. Warum? Für Bela gilt entweder b=18 oder b=21. Wäre b=21, hätte Alenas zweite Antwort »Ja« gelautet – siehe vorheriger Fall 3). Sie hat aber »Nein«

gesagt. Deshalb weiß Bela, dass b nicht 21 sein kann, sondern nur 18. Die Antwortsequenz ist: Nein – Nein – Nein – Ja.

5) **a = 9, b = 18**: Für Alena ist die Situation wie im Fall 4). Sie sieht eine 18 und weiß, dass entweder gilt a=6 oder a=9. Bela hingegen sieht eine 9 und weiß, dass gilt b=15 oder b=18. Belas zweite Antwort kann im Unterschied zu Fall 4) nicht »Ja« sein. Daraus kann Alena schließen, dass Bela keine 6 sieht, sondern eine 9. Die Antwortsequenz lautet: Nein – Nein – Nein – Nein – Ja.
6) **a = 9, b = 15**: Für Bela ist die Situation wie im Fall 5) – für Alena jedoch nicht. Alenas dritte Antwort lautet deshalb »Nein«. Daraus kann Bela folgern, dass er keine 18 haben kann, sondern nur eine 15. Die Antwortsequenz ist: Nein – Nein – Nein – Nein – Nein – Ja.
7) **a = 12, b = 15**: Für Alena ist die Situation wie im Fall 6) – für Bela jedoch nicht. Belas dritte Antwort lautet »Nein«. Daraus kann Alena schließen, dass sie keine 9 haben kann, sondern nur eine 12. Die Antwortsequenz lautet: Nein – Nein – Nein – Nein – Nein – Nein – Ja.
8) **a = 12, b = 12**: Für Bela ist die Situation wie im Fall 7) – für Alena jedoch nicht. Alenas vierte Antwort lautet »Nein«. Daraus kann Bela folgern, dass er keine 15 hat, sondern nur eine 12. Die Antwortsequenz ist: Nein – Nein – Nein – Nein – Nein – Nein – Nein – Ja.

Es ist allerdings auch nicht allzu schwer, Zweifel an dieser Lösung zu säen. Die folgende, durchaus plausibel klingende Argumentation hatte auch mich zwischenzeitlich überzeugt. Dabei geht es um den vermeintlich nicht stattfindenden Informationsgewinn, den Alena und Bela aus den Antworten ihres jeweiligen Gegenübers ziehen können.

Beide sehen eine 12 und können daraus ableiten, dass auf ihrer eigenen Stirn eine 12 oder eine 15 stehen muss. Eine dieser beiden Zahlen sieht ihr Gegenüber und kann daraus ableiten, dass die eigene Zahl eine 12 oder 15 ist (im Falle einer 12) beziehungsweise eine 9 oder 12 (im Falle einer 15).

Was auch immer die Person gegenüber sieht, sie kann nur mit »Nein« antworten. Das wissen beide. Insofern haben Alena und Bela auch keinen Informationsgewinn aus den wiederholten »Nein«-Antworten – und diese wiederholen sich deshalb unendlich oft. Keiner von beiden kann deshalb seine eigene Zahl herausfinden. Diese Argumentation stimmt jedoch nicht.

Quellen

Seit Oktober 2014 veröffentliche ich an jedem Wochenende auf spiegel.de das »Rätsel der Woche«. Nur in wenigen Fällen habe ich ein Rätsel komplett selbst erfunden. Ich wähle vielmehr aus, adaptiere, vereinfache mitunter auch. Das wichtigste Kriterium dabei ist, dass eine Knobelei möglichst schön sein soll. Für mich heißt das: Das Problem darf keine lange Beschreibung erfordern und nicht nach Schema F lösbar sein. Im Idealfall gibt es eine elegante, kurze Lösung, bei der man sich hinterher fragt: Das ist so einfach, warum bin ich da nicht selbst daraufgekommen?

Die Ideen für meine Rätsel finde ich häufig im Internet. Es gibt Dutzende Seiten, auf denen Aufgaben gesammelt sind. Eine gute Inspirationsquelle dabei sind die Archive von Mathematikolympiaden oder vom Känguruwettbewerb. Zudem haben Leser mir immer wieder interessante Vorschläge geschickt.

Viele der Aufgaben kenne ich aus diversen Büchern, etwa von Henry Ernest Dudeney, Samuel Loyd, Martin Gardner, Peter Winkler, Pierre Berloquin oder Heinrich Hemme. Oft lässt sich der Ursprung eines Rätsels nicht ausfindig machen. Sie sind wie gute Witze: Man erzählt sie immer weiter. Daher bitte ich um

Entschuldigung, falls eine der folgenden Quellenangaben nicht stimmt.

Albrecht Beutelspacher, Marcus Wagner: »Warum Kühe gern im Halbkreis grasen« (5)
Albrecht Beutelspacher: »Das Geheimnis der zwölften Münze« (43, 65, 67)
Alex Bellos: Monday puzzle (57)
Bernardo Recamàn: »The Bogotá Puzzles« (19, 36, 96, 90)
Bundeswettbewerb Mathematik (61)
denksport.de (11)
Dierk Schleicher (16)
Facebook-Gruppe »Geometria Super Top« (51)
Frank Schwellinger: »Das neue Haus vom Nikolaus« (68)
Gerhard Fuchs, Dierk Schleicher (99)
Hans-Karl Eder, spektrum.de (50)
Heinrich Hemme: »101 mathematische Rätsel« (12)
Heinrich Hemme: »222 Knobeleien für jede Gelegenheit« (41, 62)
Henry Ernest Dudeney: »536 Puzzles and Curious Problems« (38, 54)
Henry Ernest Dudeney: »Amusements in Mathematics« (15, 17, 79)
Instagram-Account @teacher_ayushi (34)
janko.at (63, 100)
Jiří Sedláček: »Keine Angst vor Mathematik« (71)
Jurij B. Tschernjak, Robert M. Rose: »Das Hühnchen von Minsk und 99 andere hübsche Probleme« (10)
Kai Thöne (80)
Martin Gardner: »My Best Mathematical and Logic Puzzles« (4, 23, 45, 84, 95)
matheboard.de (64)
Mathematik-Olympiaden e. V. (6, 14, 26)
mathematik.ch (30, 78)
Mathematikum Gießen (13, 60, 76)
mathigon.org (25, 39, 49, 70, 72, 73, 75, 85)
mathoverflow.net (89)
mathriddles.williams.edu (59)

mathsisfun.com (37, 58)
medium.com (27)
Miodrag Petković: »Famous Puzzles of Great Mathematicians« (28, 52)
Norbert Spiller (24)
Peter Winkler: »Mathematische Rätsel für Liebhaber« (87)
Peter Winkler: »Mehr mathematische Rätsel für Liebhaber« (92, 98)
Pierre Berloquin: »Der Garten der Sphinx« (22, 35, 47, 53, 69, 74, 82, 83)
Pierre Berloquin: »Kopfnüsse« (56, 97)
Pierre Berloquin: »Mathe & Logik« (48)
Presh Talwalkar: Blog & Youtube-Kanal »Mind your Decisions« (1, 94)
Raymond Smullyan: »Alice im Rätselland« (33)
Raymond Smullyan: »Satan, Cantor und die Unendlichkeit« (29)
Rätselsammlung »Mathe mit dem Känguru 2019« (2, 32)
Thomas Grimm (9)
Twitter-Account @RonySr + 71 (42)
Twitter-Account @diegorattaggi (40, 46)
Twitter-Account @jamestanton (93)
Twitter-Account @pickover (20, 66)
Werner Schulz-Simonsen (18)
Wilfried Keßeler (81)
YouTube-Kanal LKLogic (21)